MARK
麦客文化

U0390888

我的料理小时代 3

60道最温暖的米饭面食

凌介介 著

化学工业出版社
·北京·

餐餐必备的主食，如何制作出新意呢？同样是60道主食料理，凌尒尒告诉你：创意主食，SO EASY！花样米饭、丰富营养的盖饭、幸福满溢的创意面、时尚美味的快手早餐，还有各种好吃的巧思面食……道道料理都精彩，给你带来惊喜无限，关键是一学就会。每道主食都有创意灵感的表达，有详尽的制作步骤，从材料到准备工作再到具体制作，步步到位，还有贴心的“凌尒尒说”，提醒你在制作过程中要注意的各种小问题。除此之外，凌尒尒还独家分享了手工面条、黑芝麻吐司的制作全过程。

图书在版编目（CIP）数据

我的料理小时代3：60道最温暖的米饭面食 / 凌尒尒著．北京：化学工业出版社，2015.1(2015.2重印)
ISBN 978-7-122-21682-3

Ⅰ．①我… Ⅱ．①凌… Ⅲ．①主食－食谱 Ⅳ．①TS972.13

中国版本图书馆CIP数据核字（2014）第198971号

责任编辑：张　曼　龚风光　　装帧设计：谷声图书
责任校对：程晓彤

出版发行：化学工业出版社（北京市东城区青年湖南街13号　邮政编码100011）
印　　装：北京方嘉彩色印刷有限责任公司
710 mm×1000 mm 1/16　印张13　字数150千字　2015年2月北京第1版第2次印刷

购书咨询：010-64518888（传真：010-64519686）
售后服务：010-64518899
网　　址：http://www.cip.com.cn
凡购买本书，如有缺损质量问题，本社销售中心负责调换。

定　价：39.80元

part 01

10道非一般米饭的花样年华

part 02

12道一个人也可以好好吃的盖饭

part 03

16道一吃就有幸福感的创意面

目录
contents

part 04

12个时尚早餐主食提案

part 05

10道巧思面食的美味秘密

-南瓜鲜虾炒饭-

-西式牛肉汤拌饭-

-田园蛋包饭佐蜜汁鸡腿排-

part 01

10道非一般米饭的花样年华

米饭，中国人饭桌上少不了的“小白胖子”。现在，让我们放电饭煲一个假，让白米饭也玩出新花样！加上缤纷蔬食一起炒，让一家人共享健康；添上牛肉汤拌一拌，每一粒饭都裹上浓香；加上芝士来个焗饭，米饭也能吃出披萨的幸福拉丝感；又或者，加上泡菜焖一焖，夹生饭都能摇身一变成为豪华韩式料理。从最普通到最特别，就是这么简单。

黑胡椒牛油芥菜饭

·黑胡椒牛油芥菜饭·

牛油炒制的香喷素食饭

牛油就是黄油，超市有售，在烘焙中很常见。用牛油作为油脂炒饭，跟用一般的色拉油或玉米油炒出来的香气完全不同，带着天然脂肪的奶香气。黑胡椒牛油芥菜炒饭，加黄油，再加奶酪，是一款特别地带着奶香的素食饭。

材料

隔夜米饭300克	芥菜130克	牛油（黄油）25克	切达奶酪片1片
黑胡椒适量	盐适量		

准备

1. 芥菜洗净，杆和叶子分开切成末。
2. 切达奶酪片改刀切小块。

制作过程

图1

图2

图3

1. 黄油下锅烧化，下芥菜杆末炒匀。（图1）
2. 加入米饭，把米饭炒松散，和芥菜杆末炒匀。
3. 下芥菜叶末炒匀。
4. 加入适量黑胡椒炒匀。（图2）
5. 加入适量盐调味，关火。
6. 加入切成小块的切达奶酪片，把米饭和奶酪片拌匀，让米饭的热度把奶酪片捂融化。（图3）

凌尒尒说

奶素可食的这道香喷喷带着黄油的香气的米饭，搭配餐桌上常见的绿色蔬菜，另类搭配不会显得唐突，却是另一番新式风味的体验。切记，一定要先炒难熟的芥菜杆，然后再下芥菜叶哦。

·南瓜鲜虾炒饭·

·南瓜鲜虾炒饭·

清甜南瓜带来的惊喜

上班途中，路过街边市场。喜欢经过这里的感觉，琳琅满目的各色蔬菜一字排开，彩虹般交织的色彩，如此夺目。看，那位大婶正利落地用刀切开一个漂亮的老南瓜，黄澄澄、金灿灿的切面，一看就知道煮熟后又绵软又清甜。买一个南瓜，做南瓜饼、南瓜吐司、南瓜粥，或者南瓜海鲜炒饭，新鲜又美味。

材料

南瓜 120 克	虾仁 60 克	米饭 400 克	盐适量
橄榄油适量	香葱适量		

准备

1. 南瓜去皮去芯，切丁备用。
2. 虾仁剥壳开背去虾线后备用。
3. 香葱切成粒备用。

制作过程

图 1

图 2

图 3

1. 锅中倒入橄榄油烧热，倒入处理好的虾仁翻炒至虾仁蜷缩成球，变成红色后盛出备用。（图 1）

2. 锅中继续倒入适量橄榄油烧热，倒入南瓜丁翻炒，可加入少量水稍煮一会儿，至南瓜丁微变软，盛出备用。

3. 锅中再倒入适量橄榄油烧热，倒入米饭翻炒至颗粒分明，将上述步骤中的南瓜丁倒入一同翻炒至均匀。

4. 倒入虾仁一同翻炒均匀。（图 2）

5. 加入适量盐调味。撒上香葱粒稍微拌匀即可盛出锅。（图 3）

米饭最好用隔夜饭，隔了一夜的旧米饭已蒸发掉一部分水分，饭粒较干，做炒饭最适宜。

四蔬素炒饭

·四蔬素炒饭·

简单制作缤纷素食

对于素食，我不敢妄言了解，只是喜欢。蔬菜高汤如何炖制？什么食材不能使用？如何搭配才能让食材营养最大限度发挥出来？如何确定摆盘的设计风格？条条框框，设计分明，定位准确，最后再给菜品起一个美妙的名字，一道素菜才算完成。这并非大家想象的那么容易。

如此严谨的菜系，怎敢说只是蔬菜和豆制品等素食的结合？不会制作如此高难的菜色，但简单的倒是可以制作一二。如这道四蔬素炒饭，取用四种蔬菜与米饭在一起做，颜色靓丽，口感丰富，健康又饱腹，非常适合与家人一同分享。

材料

胡萝卜 80克	玉米 80克	甜豆 80克	蟹味菇 80克
米饭 400克	盐适量		

准备

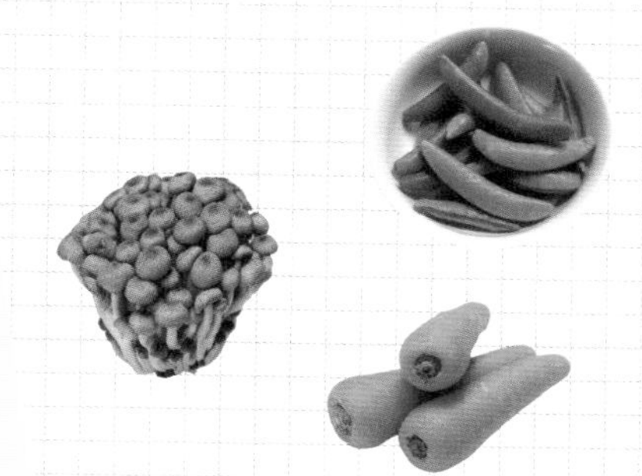

1. 甜豆撕掉边缘筋条，洗净后切小段备用。
2. 玉米洗净剥下玉米粒后备用。
3. 胡萝卜去皮洗净切成小段备用。
4. 蟹味菇洗净备用。

制作过程

图1

图2

图3

1. 锅中倒入适量橄榄油烧热。
2. 将四种蔬菜一起倒入锅中翻炒约两分钟。（图1）
3. 倒入米饭炒匀至热。（图2）
4. 最后加入适量盐调味即可装盘盛出。（图3）

凌尒尒说

切不可偷懒不撕掉甜豆边缘的筋条，否则吃起来很影响口感哦。

闽南咸饭

· 闽南咸饭 ·

让你也喜欢上鲜香咸饭

闽南人喜食咸饭。咸饭制作简便，可加非常多的配料，煮制过程中香味四溢。尽管各家做咸饭的配料各不相同，但通常都是虾干、蚝干、虾皮、蛏干等海产品干货，起提鲜的作用，主料五花肉必不可少，用少量油将五花肉的油分逼出便是香喷喷的猪油，制作出来的咸饭便有一股动物脂肪的滑润香气。人们在饭中还会加入蔬菜，常用的是卷心菜、胡萝卜等，有人也会用芥菜梗、大白菜，看各人喜好。另外，芋头也是提香之物。

我制作咸饭没有固定搭配。比如，本篇用的蔬菜是芥菜杆，没有加胡萝卜，虽有猪油，但最后还是一定要厦门甜辣酱和炸香的葱头酥来佐餐，闽南的咸饭本已好吃，加上提香亮点后，会越来越好吃。

材料

五花肉160克	香菇30克	虾干50克	芥菜杆180克
芋头适量	生抽25克	盐适量	大米3杯

准备

1. 香菇、虾干提前用水泡发。
2. 大米提前半小时泡水。
3. 五花肉切薄片备用。
4. 芥菜梗洗净切丝备用。
5. 芋头洗净切块，下油锅炸至金黄色捞出备用。

制作过程

图 1

图 2

图 3

1. 锅中加入少量油，倒入五花肉片爆香逼出油分。
2. 倒入挤干水分的香菇和虾干爆香。
3. 倒入芥菜梗丝，一同翻炒至均匀。（图 1）
4. 加入生抽，炒至上色。
5. 将上述原料放入泡水的大米中搅匀，加入适量盐。（图 2）
6. 加入炸好的芋头块。（图 3）
7. 开启电饭锅煮熟即可。

凌介介说

闽南咸饭一定要搭配闽南特有的甜辣酱和炸得酥香金黄的葱头一同拌着吃才够有味道哦。❤

大骨菌菇汤泡饭

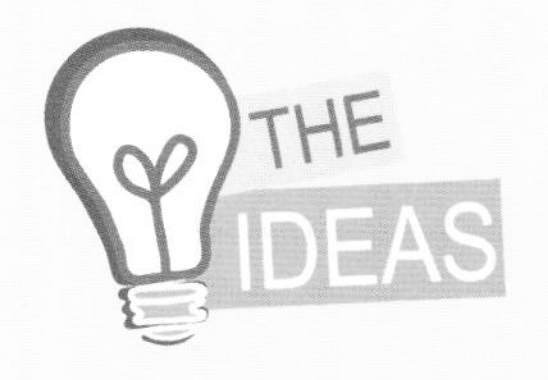

·大骨菌菇汤泡饭·

营养又鲜美的汤泡饭

中国人喜欢汤，笃信用新鲜食材和满满诚意，再加上长时间小火慢炖出来的汤品最美味、最营养，给最亲最爱的人食用最有爱意。将新鲜大骨炖煮出浓浓大骨汤，用此浓郁的底汤加入海带和什菇二次煲煮，细火慢炖出那汤鲜味美的美妙，还有营养价值极高的菇类，营养全在汤里面，浸泡着大骨汤的米饭颗粒饱满，嚼之鲜美无比。

材料

猪大骨 2 根	海带 120 克	金针菇 80 克	香菇 80 克
蟹味菇 60 克	米饭适量	盐适量	

准备

海带、金针菇、香菇、蟹味菇均提前洗净备用。

制作过程

图 1

图 2

图 3

1. 猪大骨洗净，焯水后重新加入水炖煮3小时。

2. 盛一部分大骨汤，加入海带、三种菇类一起炖煮出味，最后加入盐调味即可。（图1）

3. 取一深碗，盛入米饭，倒入煲好的大骨汤，摆上煮好的菇类和海带。（图2）

4. 放置一会儿，让米饭吸入更多大骨汤后再食用会更加入味。（图3）

凌尔尔说

花这么多时间炖煮出来的大骨汤自然不可浪费，从源头起就要把握汤品质量，最好购买当日新鲜猪大骨。

西式牛肉汤拌饭

·西式牛肉汤拌饭·

用西式方法煲一锅美味牛肉汤

牛肉的做法有很多，炒、炖、煮应有尽有。本篇取牛肉做汤，采取西式牛肉汤煲的方法，以香料提升汤品的香气，与大量蔬菜一同慢炖，清甜精华都融入汤中，无须加味精鸡精，汤都浓郁香甜得很。炖上这样一锅汤，直接泡入米饭中，美味汤泡饭就完成了。

材料

牛肉汤	牛肉550克	洋葱100克	胡萝卜170克
	蘑菇140克	土豆360克	番茄200克
	姜15克		
料包	八角7克	干迷迭香1克	大颗粒黑胡椒10克

准备

1. 姜、洋葱切丝备用。
2. 将八角、干迷迭香、大颗粒黑胡椒包在布中，制成料包备用。
3. 胡萝卜、蘑菇、土豆、番茄切块备用。

制作过程

图 1

图 2

图 3

1. 牛肉洗净切块，焯去血水后放入电炖锅中。（图 1）

2. 电炖锅中加入料包、姜丝、洋葱丝，加入适量水，大火炖 3 小时。（图 2）

3. 经过炖制的牛肉已微熟，但尚需慢炖，此时加入胡萝卜块、蘑菇块、土豆块、番茄块，盖上锅盖继续炖 2.5 个小时。（图 3）

4. 汤熟后加入适量盐佐味，西式牛肉汤便做好了。

凌介介说

本篇使用的是电炖锅，亦可改用砂锅、铸铁锅、不锈钢汤锅等放置明火上炖制。注意，锅类材制不同，煲制时间亦不相同，请根据现场状况及时变更煲制时间。

香草牛油排骨蒸饭

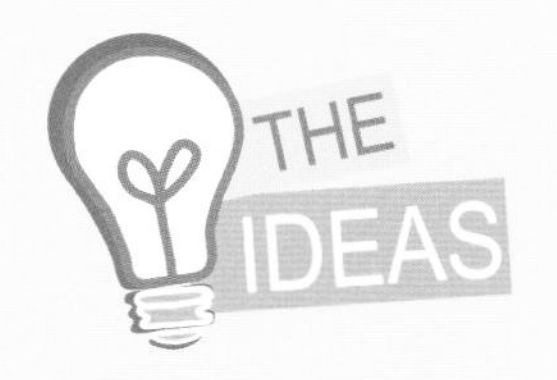

·香草牛油排骨蒸饭·

西式配料中式蒸饭的完美结合

平凡的日子，日复一日，年复一年，若不做些小改变岂不是太乏味？生活要变化，美食也一样，每日吃的米饭也一定要有变化的风味，无论是炒的、焖的、蒸的还是煲的，无论猪肉、鸡肉、牛肉、羊肉，或者土豆、胡萝卜、山药、西红柿等食材，一点儿变化就是一个活跃的新生命。亦如这道香草牛油排骨蒸饭，中式蒸饭里加入西式元素，牛油、百里香和猪小排，这样的搭配能变化出什么样的新风味？一起试试便知道！

材料

香草牛油排骨	排骨250克	胡萝卜65克	山药150克	洋葱60克
	黄油50克	大米300克	百里香1克	盐3克
	生抽15克	水170毫升		
排骨调料	生抽12克	盐2克	糖10克	黑胡椒适量

准备

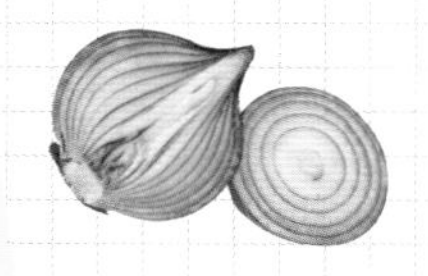

1. 排骨切小块后洗净，加入排骨调料抓匀腌制入味。（提前6小时制作）
2. 洋葱切去头尾剥掉外皮，洗净后切丝备用。
3. 山药洗净去皮，切滚刀小块浸入淡盐水中备用。
4. 胡萝卜洗净去皮，切滚刀小块备用。

制作过程

图1

图2

图3

1. 热锅加入黄油烧融，倒入洋葱丝煸炒出香味。（图1）
2. 倒入腌制好的排骨块翻炒至变色。
3. 倒入山药块和胡萝卜块翻炒片刻，倒入洗净的大米同炒。（图2）
4. 加入生抽、盐、百里香调味。
5. 将排骨和大米装入耐高温容器，加水，放置于蒸笼内。（图3）
6. 大火烧沸水后，调成中小火蒸45分钟即可。

凌尕尕说

1. 百里香如同它的名字一般，只需下一点儿就香气十足，请切勿下多哦。
2. 山药去皮后切块，需浸泡入淡盐水中，否则极易氧化变黑哦。

韩式泡菜牛肉焖饭

·韩式泡菜牛肉焖饭·

夹生饭"起死回生"的妙招

我不爱吃硬米饭，但父亲喜欢，经常会斟酌着倒入煮饭水，所以难免会做成夹生饭。若做成夹生饭，就得拯救它。对于夹生饭的处理，可以加少量水继续焖熟，亦可炒饭、蒸饭，或是干脆多加些水煮成粥。你有没有想过，若是加工成另一种美味，是不是很让人期待？

本篇就是把夹生饭加入泡菜，配上牛肉和豆芽菜，在出锅前再加入一大勺韩国辣椒酱佐味，泡菜的酸、辣酱的香让这锅饭的滋味丰富多彩，也让夹生饭"起死回生"。

材料

韩式泡菜牛肉	牛肉200克	青椒1根	红辣椒1根
	香葱20克	大蒜10克	韩式辣椒酱30克
	豆芽菜120克	韩国白菜泡菜150克	
牛肉调料	生抽10克	白胡椒1克	盐2克
	糖5克	芝麻香油5克	玉米淀粉3克

准备

1. 牛肉切块，提前6小时用上述牛肉调料腌制入味。
2. 香葱切段，青红椒去籽切段，蒜头剁成蒜末，泡菜若是大颗需改刀切小块。

制作过程

图 1

1. 锅中放油，下腌好的牛肉块炒至八分熟盛出备用。（图 1）

2. 锅中继续倒入少许油，煸香蒜末和葱白段部分，下泡菜块一同翻炒至出香味。

图 2

3. 加入豆芽菜一同煸炒。（图 2）

4. 倒入扒松的夹生饭翻炒均匀，然后加入水，位置大概至菜和饭的一半即可，盖上锅盖焖至无水。

图 3

5. 煮至饭熟软入味，加入青红椒段和牛肉块翻拌，再根据自己的口味加入适量的韩式辣椒酱、盐、香油等，翻拌均匀后即可出锅食用。（图 3）

凌尕尕说

1. 做焖饭可用带盖的不粘锅，焖好的饭才不会将米饭巴在锅底，易翻拌。
2. 焖饭的水可以用高汤（如牛骨汤、猪骨汤、鸡汤等）替代。

·咖喱牛肉焗饭·

·咖喱牛肉焗饭·

源自意大利千层面的灵感启发

做饭时，用点儿与平时不一样的制作方式会带来非一般的惊喜。焗饭有千百种，口味千般花样。我也爱做焗饭、焗面，带着芝士的异域风味总是对我的胃口。此次灵感因意大利千层面的制作方法而获得启发。一层米饭，一层肉酱，一层芝士，如此反复添加，再经过烤箱高温焙烤，芝士将融化在肉酱与米饭中，层层叠叠的美味，吃起来真是过瘾极了。

材料

牛绞肉400克	泰式黄咖喱酱120克	马苏里拉芝士180克
洋葱50克	黄油30克	椰浆、盐、糖、米饭各适量

准备

1. 洋葱洗净剥去外皮，切细末备用。
2. 马苏里拉芝士切成细丁备用。

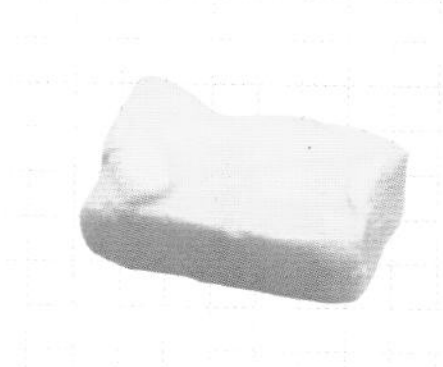

制作过程

图 1

图 2

图 3

1. 锅烧热，下黄油烧至融化，倒入洋葱末煸炒出香味。
2. 倒入牛绞肉翻炒至变色，加入咖喱酱后翻炒均匀。（图 1）
3. 加入适量椰浆，煮约 2 分钟。（图 2）
4. 加入适量盐和糖调味，咖喱牛肉酱制成。
5. 取一耐高温碗，先入烤箱烤热，按顺序铺上米饭、咖喱牛肉酱、马苏里拉芝士丁，如此反复至铺到碗满。（图 3）
6. 放入烤箱，用 200℃烤至芝士融化。

凌尒尒说

铺到碗满，最后一层一定要是芝士，这样才能保证芝士融化在肉酱和米饭上哦。

田园蛋包饭佐蜜汁鸡腿排

·田园蛋包饭佐蜜汁鸡腿排·

在家也能做出餐厅级美味料理

人有时候真是奇怪，要么懒到打电话叫外卖，要么在家要折腾出个像样的套餐来满足自己。做一份赏心悦目的料理，在满足完视觉欲之后再将它细细品尝干净，满足地摸摸肚子，真是享受。在家也能做出餐厅级的美味料理，当什蔬炒米饭包裹上煎蛋皮，佐以腌制了一夜超入味的蜜汁鸡腿排，一份主食与蔬菜、禽肉相结合，各类营养物质均衡搭配的家庭美味餐便搭配成功。

材料

蛋皮	鸡蛋1个	面粉6克	水6毫升	
田园炒饭	荷兰豆20克	香菇40克	胡萝卜40克	玉米粒80克
	米饭250克	番茄酱15克	盐适量	
蜜汁鸡腿排	鸡腿4个	蜜汁烤肉酱30克	大蒜15克	黑胡椒2克
	盐3克	糖5克	生抽12克	芝麻香油5克

准备

1. 荷兰豆、香菇、胡萝卜均切成小丁。
2. 提前一天将鸡腿排腌制入味。鸡腿去骨去皮，加入鸡肉调料抓匀，放置12小时腌制入味。

制作过程

一. 制作蛋包饭蛋皮

1. 鸡蛋加入面粉和水搅拌均匀。
2. 锅中倒入适量油烧热，将鸡蛋液倒入锅中，轻轻摇一摇锅，使未凝固的蛋液流动，铺平锅底。
3. 慢火煎蛋皮，一面煎好后再翻动煎另一面，小心不要煎过火，凝固即可。
4. 将煎好的蛋皮盛出备用。

二. 制作田园炒饭

1. 炒锅中倒入适量油烧热，将各种蔬菜丁入锅翻炒至断生。
2. 倒入米饭一同翻炒，加入番茄酱和适量盐调味即可。

三. 制作蜜汁鸡腿排

1. 锅中倒入适量油烧热，把腌制好的鸡腿排入锅中小火煎熟，可适量加些水煨煮一会儿。
2. 待酱汁收汁，鸡排煮熟，关火即可。

四. 组合

1. 碗中铺入干净的生菜点缀，把炒饭装入蛋皮的一半，盖上另一半，蛋包饭即完成。
2. 将蛋包饭装入盘中，鸡腿排放置旁边，淋上煎鸡腿排的酱汁即可。

凌尓尓说

1. 如何判断鸡腿排是否煮熟？只需用一根筷子插入鸡肉中，若能轻松穿透，鸡腿排就是煮熟了。
2. 为了使鸡腿排更入味，记得要提前一天腌制哦。

- 黑椒蚝汁草菇肉酱盖饭 -

- 三杯肉末豆腐盖饭 -

- 酱烧鸡排盖饭 -

＊12 道一个人也可以好好吃的盖饭＊

一个人吃饭可不能随便凑合，私享的时光正适合好好品尝美食。蛤蜊与味噌汤搭配出蛤蜊盖饭，淋在饭上，不出门就能享受到美味日料；印尼沙嗲酱与牛肉的碰撞，异域的浓郁风味在舌尖打转；西葫芦配嫩鸡肉，吃货也能小清新…… 还有鳝鱼的鲜、山药的香、鸡排淋上秘制酱汁的浓郁、小排添上烧汁豆皮的万种风情，等着你慢慢发掘。

蛤蜊盖饭

·蛤蜊盖饭·

吃出日本江户味

相传在古代的日本，江户是个优良的渔场，寿司、天妇罗等新鲜美食唾手可得。当地人在出海捕鱼前，渔夫会用由贝类、葱及味噌煮出来的海鲜味噌汤拌饭吃，并将这种饭称为“蛤蜊味噌汤拌饭”。蛤蜊本身的美味，以及蛤蜊释出的鲜美汤汁混合味噌，蛤蜊肉和浇汁铺在米饭上，做出味道鲜美的料理，就是蛤蜊盖饭。这款盖饭真的名不虚传，好吃极了！

材料

汤底	蛤蜊150克	水500毫升	姜2片	盐2克
蛤蜊盖饭	底汤1份	大葱20克	味醂27克	赤味噌15克
	日本酱油15克	糖8克	生姜适量	盐适量

准备

1. 葱切段备用。
2. 蛤蜊装在水盆里让其吐净沙，洗干净后备用。

制作过程

图 1

图 2

图 3

一．制作汤底

1. 煮一锅沸水，加入两片姜片，把事先洗净的蛤蜊放到沸水里烫熟，加入盐调味。

2. 取出蛤蜊肉备用。（图 1）

二．制作蛤蜊盖饭

1. 蛤蜊汤底中加入味醂、味噌、日本酱油、糖煮沸，倒入葱段煮开。（图 2）

2. 加入蛤蜊肉重新煮沸，用盐调味。（图 3）

味醂、日本酱油、味噌等原料在进口食品超市、麦德龙或万能的淘宝都能买到哦。

·亲子盖饭·

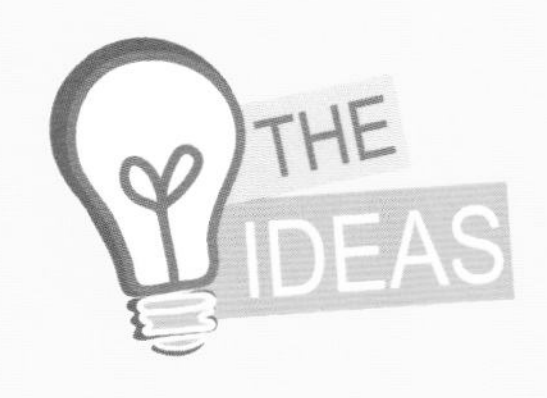

·亲子盖饭·

未遵循日本古法制作的盖饭

“亲子盖饭”，并非很多人想象的母亲为孩子做的盖饭，而是因为鸡和蛋的“亲子”关系而得名。热水快烫，锁住鸡肉的鲜美滋味。用清爽甘甜的米�做佐料汁，再烹个半熟的蛋，如此鲜美的蛋酱汁盖在米饭上，让滋味锁进米饭里，一道原汁原味的鸡肉盖饭便完成了。

这道盖饭，我并未遵循古法来制作。先制作了汤底，原料只有海带和木鱼花。木鱼花是鲣鱼晒干后用特制的类似木工刨子的小盒子刨出的薄如蝉翼的鱼片花，做日本盖饭经常会用到的木鱼花就是这么来的，不仅可以熬煮汤底，也可以直接放在米饭上同食。基础汤底就是盖饭的底汁，只需要再加米醂和日本酱油制成的淋酱。本篇亲子盖饭，用这款淋酱做成汤底后，继续煮鸡肉，即使不加盐和味精，汤底都鲜美得让人的味蕾获得极大的满足。可想而知，用这样的汤底煮成的盖饭会有多好吃了。

材料

汤底	海带200克	木鱼花150克	水适量
亲子盖饭	底汤适量	鸡肉250克	鸡蛋2个
	日本酱油20克	味醂20克	

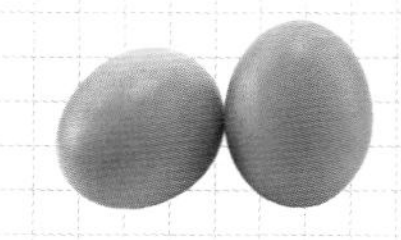

制作过程

图 1

一 . 制作汤底

1. 海带洗净，加入水中煮开，关小火慢慢炖煮约半小时，使海带出味。（图 1）

2. 加入木鱼花煮开，将火熄灭。

3. 用过滤网过滤掉海带和木鱼花，只留底汤。

图 2

二 . 制作亲子盖饭

1. 取一碗汤底，加入日本酱油和味醂，煮开后加入切块的鸡肉煮至肉熟。（图 2）

图 3

2. 加入 2/3 的鸡蛋液煮熟，快出锅前再加入剩下的 1/3 鸡蛋液。不要滑锅，让鸡蛋液裹匀鸡肉，立即关火。（图 3）

3. 盛一碗米饭，把做好的鸡肉料立即盖在饭上，让未凝固的蛋汁和酱汁淋入饭中，可以盖上碗盖，让米饭焖一会儿更入味。

凌介介说

1. 煮海带的时候，不要让汤头沸腾，全程开小火煮半小时让海带煮出味道，关火后让味道沉淀。
2. 加入木鱼花煮沸，过程中不能搅拌木鱼花，因为一旦搅拌，汤底就会变浑浊了。

·山药鸡肉饼盖饭·

·山药鸡肉饼盖饭·

告诉你山药的丰富做法

有时候，一种原料被默认了做法，很难会被人做出改观。例如，大家平时会如何制作山药？炒山药？煲汤？炖菜？这道盖饭中的山药，我是这么处理的：把山药制成泥状加入鸡肉，用少油微煎，作为盖饭的搭配之食，不仅丰富了山药的吃法，还让山药的清香渗透入鸡肉内。山药鸡肉饼，口感外脆内甜又有营养，适合做给家中的小朋友吃。

山药 400 克	鸡腿 3 个	鸡蛋 1 个	普通面粉 28 克
糖 10 克	盐 5 克	黑胡椒 2 克	

准备

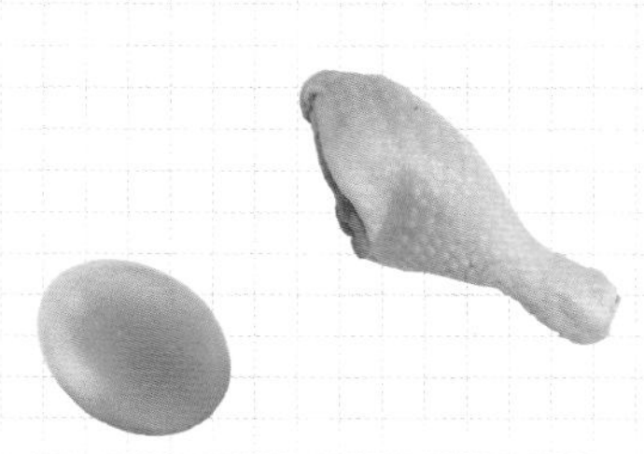

1. 鸡腿去皮，从中间剖开一刀，贴着鸡骨头割肉，旋转着切就能把骨头剔除得很干净。
2. 鸡肉切成小块，然后用刀剁成鸡肉泥，剁肉过程中要将筋切掉以免影响口感。
3. 山药去皮切成小块，放在微波炉碗中，盖上盖子，用高火转 5 分钟蒸熟山药。
4. 将山药从微波炉中取出后，用擀面杖将其捣成泥，放凉备用。

制作过程

图1

图2

图3

1. 将鸡肉泥和山药泥混合，加入糖、盐、黑胡椒等调味料。（图1）

2. 加入面粉和鸡蛋，一同拌匀。（图2）

3. 锅中倒入适量油，烧热后改成小火，用勺子取一球山药鸡肉泥，团成球状后略压扁成肉饼状，入油锅煎至两面金黄后捞出沥干油即可。（图3）

如果在混合山药与鸡肉的过程中觉得馅料太干，可以适当加些水调整干湿度。

咖喱山药肉末盖饭

·咖喱山药肉末盖饭·

用咖喱煮的山药也很下饭哦

铁棍山药口感绵、软、糯、粉，是很多人喜欢的食材，营养价值也很高，经常做给家人吃最为适合。山药的常见做法是炒、焖或煮汤，本篇用咖喱来做山药。是的，谁说咖喱只能做土豆？山药也是超极棒的，而且还必须带上点儿酱汁，浇在米饭上拌着吃真是好味。这样一道下饭菜很适合带饭一族，既简单又方便。

材料

咖喱山药肉末	山药 200 克	猪绞肉 250 克	咖喱膏 6 块
	水适量	盐适量	细砂糖适量
猪肉调料	盐 2 克	糖 4 克	黑胡椒 1 克

1. 山药切小块备用。
2. 猪绞肉加入猪肉调料抓匀后放置 2 小时后再用。

制作过程

图 1

图 2

图 3

1. 锅中倒入适量油，把猪肉末倒入锅中炒至熟色后盛出备用。
2. 锅中再倒入适量油，把切好的山药块倒入翻炒，可加适量水焖煮至熟。（图 1）
3. 倒入事先炒好的肉末翻炒均匀，加入 6 块咖喱膏一起煮。（图 2）
4. 加适量水煮至咖喱膏融化即可盛出食用。（图 3）

凌介介说

1. 咖喱膏中有盐，此菜无须另外加盐。
2. 咖喱膏的品牌很多，可自行挑选喜欢的，还有原味、小辣、中辣等味道可以挑选哦。

黑椒蚝汁草菇肉酱盖饭

·黑椒蚝汁草菇肉酱盖饭·

教你熬煮鲜美异常的肉酱

没时间做饭怎么办？这时候，有份肉酱最方便了。肉酱，可以拌饭吃、拌面吃、配馒头吃，还可以跟主食面包一起吃，真是万能的。熬肉酱这事儿，只要买自己喜欢的食材，就能DIY多种不同风味的美味肉酱。例如本篇，新鲜草菇肉肥汁美，熬一锅草菇比肉多的肉酱，那滋味真是鲜美异常，再以黑胡椒和蚝油调味，咸、鲜、辣交织，一碗无敌下饭菜，你值得拥有。

草菇350克	猪绞肉210克	洋葱80克	蚝油20克
黑胡椒粉3克	老抽10克	水淀粉适量	盐适量

准备

1. 草菇仔细洗净，切成小丁备用。
2. 洋葱洗净剥去外皮，切成小丁备用。

制作过程

图 1

图 2

图 3

1. 锅中倒油烧热，倒入洋葱丁爆香，炒至金黄色发出香味。
2. 倒入草菇丁翻炒均匀。（图 1）
3. 把所有原料拨向锅靠近身体的一边，用空出的位置炒香猪绞肉。
4. 把猪肉炒到颜色发白，再把所有原料翻炒均匀。（图 2）
5. 加入适量水，熬煮草菇肉酱 5 分钟。
6. 加入蚝油，适量老抽、盐、黑胡椒等调味。
7. 加入适量水淀粉收汁勾芡，蚝油草菇肉酱完成。（图 3）

凌尒尒说

若买不到草菇，用香菇等其他菇类食材亦可做等量替换，一样会很好吃哦。

三杯肉末豆腐盖饭

·三杯肉末豆腐盖饭·

台湾三杯料理早已远近闻名。相传这款料理源自江西一江西籍狱卒，因狱中条件所限，只使用了甜酒酿、猪油、酱油各一杯炖制鸡块给文天祥食用而得名，最后成为客家菜经典并在台湾走红。三杯料理最出名是三杯鸡，美食爱好者各自出招，DIY出各种三杯菜色，三杯排骨、三杯鸭、三杯豆腐等多种多样。

本篇也是DIY另类三杯料理，但谨守主味酱油、香油、料酒，还有最重要的灵魂食材——九层塔。另外，我还特别加入小米椒和麻椒，给这道菜带来一丝又麻又辣的气息，连在房间等着开饭的母亲大人都探着鼻子说好香。你们要来试一试吗？

材料

猪绞肉 250克	老豆腐 200克	小米椒 5根	麻椒 5克
料酒 15克	生抽 15克	芝麻香油 15克	九层塔 10克
水淀粉 40克	糖 10克	盐适量	

准备

1. 老豆腐洗净切成片状三角形备用。
2. 小米椒洗净切成小段备用。

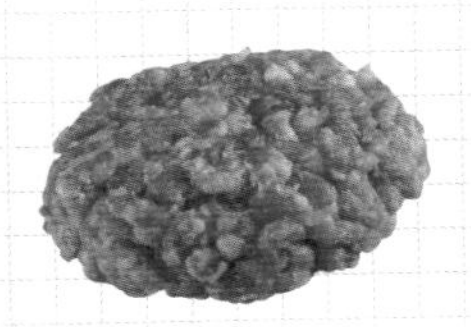

制作过程

图 1

图 2

图 3

1. 锅中倒入适量油烧热，把三角形老豆腐片入油锅炸至两面金黄后捞出。
2. 倒出多余油，锅中留适量底油，爆香小米椒段和麻椒。
3. 加入猪绞肉翻炒出香味。（图 1）
4. 加入事先炸好的老豆腐片翻炒均匀。
5. 将料酒、生抽、香油混合好倒入锅中翻炒。（图2）
6. 加入九层塔翻炒均匀。（图 3）
7. 倒入水淀粉勾薄芡，最后加入适量盐调味即可。

凌介介说

爆香小米椒和麻椒的过程时间很短，切勿留锅时间过长，否则会将其炸过头变焦。

烧汁豆皮小排盖饭

·烧汁豆皮小排盖饭·

汲取美味的豆皮怎能错过

偶遇一位老人家，沧桑佝偻的背，挑着担子慢慢地走着。快步上前，原来，她是卖豆皮和腐竹的，卖点儿钱给家里贴补家用。对于这样本该晒着太阳享受退休生活的老人，却还在为温饱奔忙，于心不忍，于是买了一些豆皮腐竹。与她的交谈中得知，这些都是她在家做的，品质极好，心想真是遇到宝。豆皮和腐竹都是豆制品，虽然本身并无风味，但泡软后同其余食材一同烹煮则是吸味高手，酸甜苦辣咸，连带着自身都变得似有万种风情，真是过瘾好吃。

材料

排骨 370克	姜 7克	排骨酱 15克	海鲜酱 15克
叉烧酱 15克	老抽 10克	莲藕 120克	豆皮 50克

准备

1. 豆皮提前泡水至软。
2. 莲藕洗净削皮，切丁备用。

制作过程

图1

图2

图3

1. 排骨切小块，过热水焯掉血污，沥干水分。（图1）
2. 锅中倒入适量油，爆香姜片，倒入排骨块炒香。
3. 倒入老抽，把排骨炒匀，继续加入排骨酱、海鲜酱、叉烧酱炒匀。（图2）
4. 加入豆皮炒匀，再加入莲藕丁炒匀。（图3）
5. 倒入适量水，以淹过排骨为宜，盖上锅盖，大火煮沸后转为小火焖20分钟至熟即可。

凌介介说

酱中有盐和糖，这道菜无须再加盐和糖。若喜欢口味重些的，可再自行添加调味品。

爆炒鳝鱼盖饭

·爆炒鳝鱼盖饭·

带有酒香的鲜美盖饭

初食鳝鱼，是父亲所做，热油一爆，快速一翻，加入配料，香味四溢。这样简单的一道菜，我喜欢得很，于是记了下来。父亲炒的鳝鱼和我不太一样，他用大量的蒜来降低鳝鱼的腥气，我也用蒜，但量不大，我更喜欢用料酒去腥气。这样一盘带着酒香的蒜片爆鳝鱼，浇在米饭上拌着吃，简单又方便，适合人少的时候单人享用或者二人世界时品尝。

材料

鳝鱼300克	姜10克	蒜15克	生抽12克
料酒10克	葱40克	水淀粉、盐、糖各适量	

准备

1. 鳝鱼洗净去头，鳝身切段后再改刀成条备用。
2. 姜切丝、蒜切片、葱切段备用。

制作过程

图 1

图 2

图 3

1. 姜丝、蒜片，先入油锅爆香。
2. 倒入鳝鱼条爆炒。（图 1）
3. 加入生抽和料酒快速翻炒。（图 2）
4. 加入葱段，适量盐和糖，快速翻炒调味。（图 3）
5. 淋入适量水淀粉勾薄芡即可。

凌尒尒说

鳝鱼的口感清脆滑润且弹牙，有丰富的胶原蛋白，炒制时间要短，火要旺，快速爆炒后出锅立刻食用口感最佳。❤

印尼沙嗲牛肉盖饭

·印尼沙嗲牛肉盖饭·

欢乐开胃的独家秘方

沙嗲，原产于东南亚，由黄姜粉、花椒、八角等多种香辛料研磨混合而成，味道辛香，辣而不呛，温存舒适，不管是做汤面还是烤肉食，总能给人以欢乐开胃的快感。注意，沙嗲不是沙茶，它们是同胞兄弟！沙嗲是纯粹的香，沙茶在香料辛香风味的基础上更加浓郁，还加入了芝麻、虾米、小鱼干和花生酱等，吃起来有另一番滑嫩浓稠的醇香。用二者制作成的食物的口味差别颇大，喜欢东南亚风味的朋友可以分别做着试试。

本篇印尼沙嗲牛肉，取印尼当地沙嗲酱品牌制作，经过腌制的牛肉带着沙嗲的香气，与米饭同食美味十足！

材料

牛肉 250克	印尼沙嗲酱 50克	大蒜 15克	甜豆 140克
胡萝卜 50克	盐适量	水淀粉适量	

准备

1. 牛肉洗净切片，加入沙嗲酱拌匀，腌制3小时。
2. 胡萝卜洗净去皮切片，用花模刻出花形胡萝卜。
3. 甜豆洗净，从头部开始至尾部，上下两条筋都要撕掉。
4. 大蒜剁成蒜末备用。

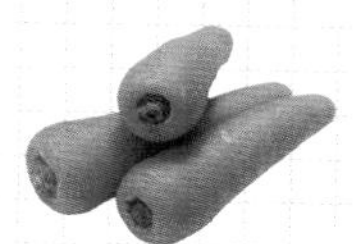

制作过程

图1

图2

图3

1. 锅中倒入适量油烧热，倒蒜末爆香，倒入腌好的牛肉片翻炒至变色后捞出。（图1）

2. 在锅中继续加入适量油，倒入甜豆翻炒片刻。

3. 继续加入胡萝卜花片翻炒，倒入牛肉片，一同翻炒至牛肉熟。（图2）

4. 淋入适量水淀粉勾芡，最后加入适量盐调味即可。（图3）

本篇所选沙嗲酱是印尼沙嗲，此外还有马来沙嗲。这些酱，虽均为沙嗲，但风味略有不同，都具有出产国当地特色，在淘宝网上都可以搜到。

西葫芦鸡球盖饭

·西葫芦鸡球盖饭·

清爽橄榄油炒出低脂健康盖饭

作为贪吃之人，口味范围涉猎要广，既能吞得了重口味，也能尝得了小清新，容纳力要足够，才有福气多吃不同风味。在香辣、麻辣、咖喱、沙茶等重磅调料的轰炸下，偶尔来些清淡小菜会让人感觉很舒适。

这道用橄榄油和西葫芦制作的鸡球料理盖饭，就是一款颇为小清新的简单盖饭。带着茄汁的微酸汤汁中有着西葫芦的清爽和鸡肉的滑嫩，搭配米饭真是清新简约。

材料

鸡肉 220克	洋葱 90克	番茄 180克	西葫芦 220克
橄榄油适量	盐适量	黑胡椒适量	

准备

1. 鸡肉去骨去皮，留肉切成块状备用。
2. 洋葱洗净切丝备用。
3. 番茄洗净切丁。
4. 西葫芦洗净切小片。

制作过程

图 1

图 2

图 3

1. 锅中倒入适量橄榄油烧热，倒入洋葱丝爆香炒到软。
2. 倒入鸡球翻炒至变色，加入适量黑胡椒。（图 1）
3. 倒入西葫芦片同炒，加入适量水煮 2 分钟左右。（图 2）
4. 倒入番茄丁翻炒，最后加入适量盐和黑胡椒调味即可。（图 3）

用点儿心，最好将所有的丁切成同样大小，炒出来的菜才更好看哦。❤

酱烧鸡排盖饭

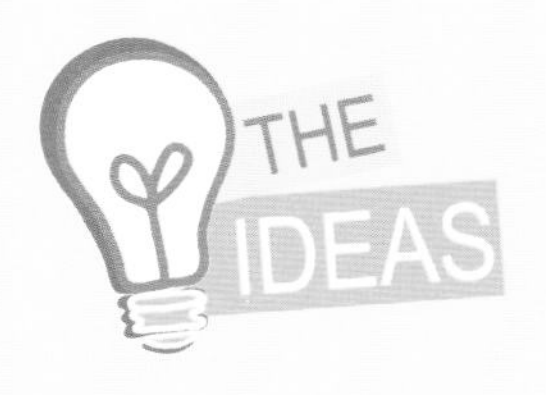

·酱烧鸡排盖饭·

点睛之笔在酱汁

在外吃工作餐，常让服务员帮忙在米饭上浇一勺酱汁，这样吃起来会更有滋味，也更下饭。在家里吃饭我也一样，家里总会备一道有酱汁或卤汁的肉菜，这汁就是用来浇饭配食的，真香啊！

这道酱烧鸡排饭，也运用了酱汁的点睛之笔。虽然原料是鸡腿，但也不浪费鸡骨头，放到酱汁中炖出味，最后才放入鸡排煮熟收汁，这样的酱汁真是好吃，鸡排也很入味，相信会得到家人青睐的。

材料

鸡腿 6 个	排骨酱 15 克	叉烧酱 15 克	海鲜酱 15 克
生抽 18 克	水 450 毫升	姜 17 克	葱 17 克

1. 鸡腿切割去皮褪骨。
2. 葱切段备用。

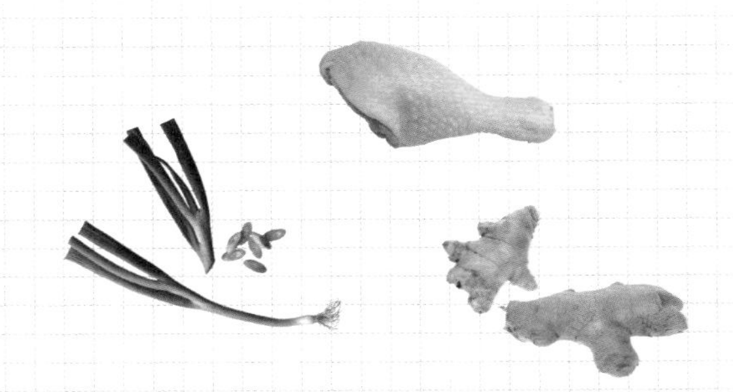

制作过程

图 1

图 2

图 3

1. 取口大锅，将原料配方里除了鸡腿肉外的所有原料都放在一起，加入褪好肉的鸡腿骨。（图 1）

2. 烧沸水后转小火焖至水收汁至一半。（图 2）

3. 将锅中鸡腿骨捞出，将鸡排肉放入锅中，开大火煮约 15 分钟，至酱汁收稠，鸡排入味即可。（图 3）

凌尒尒说

烧好的鸡排饭要搭配一些蔬菜才更好吃哦。

迷迭香烤鸭腿盖饭

·迷迭香烤鸭腿盖饭·

在芬芳的香草世界里，有一些香草经常被人取来制作美食，如薰衣草、迷迭香、百里香、九层塔、罗勒等。

本篇的迷迭香烤鸭腿，就是让迷迭香的香气通过腌制和烧烤充分进入鸭腿中，迷迭香不仅去除了些许鸭肉的腥气，还增添了这道菜的风味，迷人而不失豪华。烧烤中，迅速瘦身的鸭皮将油脂尽数逼出，与橄榄油、迷迭香、蒜等风味各异的食材混合搭配，更增添了另类复合风味，除了主菜烤鸭腿，垫在鸭腿底部的蔬菜也尽收精华，一次制作便得到主菜和蔬菜，真是简单又让人满足。

材料

鸭大腿 2 个	蒜头 60 克	迷迭香 7 克	橄榄油 50 克	盐 7 克
黑胡椒 3 克	香菇 180 克	胡萝卜 130 克	土豆 130 克	

准备

1. 鸭腿洗净备用。
2. 取一半蒜头剁成蒜泥备用。
3. 迷迭香切成细末备用。
4. 胡萝卜洗净去皮切成滚刀块备用。
5. 香菇洗净切去蒂部后，对半切开备用。

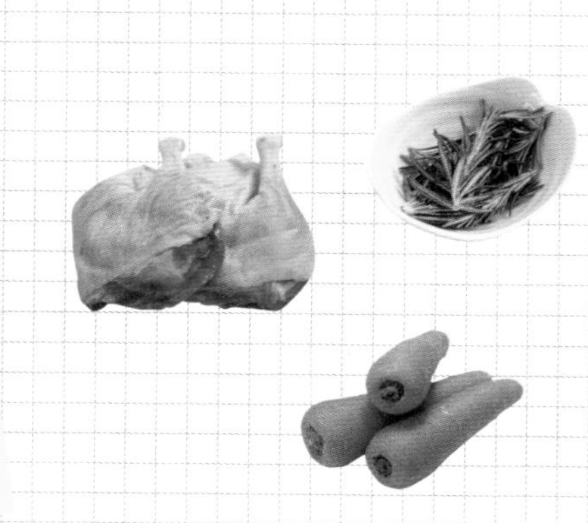

制作过程

图 1

图 2

图 3

1. 橄榄油中加入事先准备好的蒜泥、盐、黑胡椒、迷迭香末拌匀，均匀抹在鸭腿上，在鸭皮下也抹入橄榄油酱以便入味。（图 1）

2. 鸭腿腌制 2 小时，将上述准备好的蔬菜和另一半整粒的蒜头铺到烤盘中，摆上腌好的鸭腿。（图 2）

3. 预热烤箱至 200℃，一共烤焙 1 小时 30 分钟，中间不定时取出翻面 5 次，并用鸭腿渗透出的油和原有的橄榄油重新浇到鸭腿上再继续烤。（图 3）

凌介介说

1. 建议一定要加入香菇和大蒜，请不要随意更换哦！这两种蔬菜经过复合油脂和香草的熏陶，真是美味得没话说！
2. 由于本配方中的鸭腿较大，如果你买的是小只鸭腿，可以适当缩短烧烤时间。

-凉拌橄榄菜意面-

-豆浆鸡丝乌冬面-

-福建炒面-

* 16 道一吃就有幸福感的创意面 *

面条界也刮起混搭风！意面跃入南瓜酱中自由泳，在蒜蓉堆里探头探脑，或是在橄榄菜中回眸一笑，你就会懂什么是创新而出的惊艳；日本拉面除了“呼哧呼哧”热腾腾下肚，还能创造出湿炒面根根入味的味觉体验；当荞麦面和花生酱在一起，健康又美味的粗粮凉面将华丽诞生；还有用韩式泡菜炒出的特色宽面，这鲜爽滋味只有尝过才知。

· 奶油南瓜鸡丁面 ·

·奶油南瓜鸡丁面·

南瓜酱裹住意面的好味道

人们做菜总有个惯性思维，中国式食物就中式搭配，外国食物就洋式搭配，似乎任何跳跃式的穿插配总会让人事先一愣神，这样对吗？带着疑问的品尝将带来不同的答案，我喜欢这样的惊喜！在饺子中加芝士，把培根藏入包子中，将 PIZZA 抹上中国酱，把意面炒出中国味。试问：有何不可？只要搭配得当，我相信，这不仅是一道菜肴，还将会是一道令人惊艳的美味。我愿意不断尝试，并与大家一同分享。

比如这道奶油南瓜鸡丁面。当醇厚甜美的南瓜酱裹着意面入口时，爽滑Q弹，甜香滑爽的意面会让你的舌头跳跃起来，相信我！

材料

鸡腿肉 200 克	黄油 25 克	意大利面 150 克	淡奶油 120 克
南瓜（整块未去皮）400 克		水、盐、黑胡椒各适量	

准备

1. 将鸡腿肉切成丁状，加入适量盐、黑胡椒调味备用。
2. 南瓜洗净去皮去瓤，切成薄片，入微波炉中高火微波 5 分钟，取出后捣成泥状备用。
3. 意大利面放入沸水中，加入适量盐和橄榄油煮至软，泡入冰水中备用。

制作过程

图 1

图 2

图 3

1. 往锅中加入黄油烧融后，加入鸡丁炒熟后盛出。
2. 锅中倒底油，倒入沥干水的意大利面再翻炒片刻。（图 1）
3. 加入南瓜泥，翻炒至南瓜泥裹满意面。（图 2）
4. 加入淡奶油和适量水，调整酱汁厚度。
5. 倒入事先炒好的鸡丁翻炒均匀。（图 3）
6. 加入适量盐调味即可。

凌尒尒说

意大利面的煮制以手掐意面能轻松掐断，面芯已完全熟透为要。

奶油菌菇意面

·奶油菌菇意面·

两种菌菇熬出的独特奶香

有很多人说奶油味意面好腻，但我想说，若是喜欢这种味道，则怎么吃都不够。被奶油包裹的意面爽滑入味，奶香浓郁。做奶油意面，几乎所有面都能通用，圆管条、蝴蝶面、斜管面，但最好的搭配还是斜管面，因为其中空的斜管中能最大限度地包裹酱汁，吃一口就好似咬到一个酱汁包，对于喜爱奶油意面的人来说，这样的满足感难以形容。用两种菌菇的鲜味来吊起奶油的奶香，即使没有肉的衬托，这样一道素意面也绝不逊色。

材料

香菇 100克	口蘑 150克	淡奶油 130克
斜管面 250克	大蒜 15克	黑胡椒、盐各适量

准备

1. 香菇、口蘑洗净切片备用。
2. 大蒜去皮剁成蒜末备用。
3. 斜管面煮至八分熟，用冰水浸泡备用。

制作过程

图 1

图 2

图 3

1. 锅中倒入适量油烧热，爆香蒜末。
2. 倒入香菇片和口蘑片翻炒至软。（图 1）
3. 倒入淡奶油炒匀，加入适量煮意面的面水烧开。
4. 加入煮好、沥干水的斜管面，边煮边收汁。（图 2）
5. 至面煮软煮熟，加入适量黑胡椒和盐调味即可。（图 3）

凌介介说

1. 煮意面的水不要丢弃，在制作过程中可以使用，煮面水对酱汁有乳化的作用，类似水淀粉，能使酱汁更稠、更香。
2. 斜管面煮第一遍时不要煮到全熟，因为后续还有煮奶油酱汁的过程，只需煮到八分，让中间还有硬度即可。

·奶油炖菜焗意面·

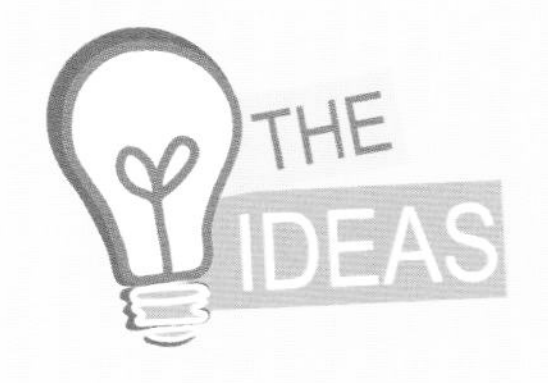

·奶油炖菜焗意面·

教你调制浓稠绵密的奶油酱汁

只要用心，即使是再简单的料理也能打动人的胃和心，让一班吃货跟着咽口水。比如这道奶油炖菜焗意面。奶油炖菜部分学自《深夜食堂》第二季第六集。奶白色稠汁下覆盖着的美味蔬菜，浇在饭上浓稠绵密。不过，我想让这酱汁更加充分地发挥特色，于是将白米饭换成与酱汁类意面最搭的斜管面，利用汤面糊的稠度再进烤箱焗烤一会儿，真是Yummy Yummy。

材料

白酱	面粉20克	黄油20克	牛奶250克
其他	西蓝花100克	土豆320克	胡萝卜250克
	鸡腿3个	洋葱100克	斜管面250克
	马苏里拉芝士适量		

准备

1. 西蓝花切成小块，洗净备用。
2. 土豆洗净削皮后改刀切块，泡在淡盐水中备用。
3. 胡萝卜洗净削皮后改刀切块备用。
4. 鸡腿切开剥出鸡肉，改刀切成鸡肉块备用。
5. 洋葱切去外皮后洗净，改刀切片备用。
6. 斜管面煮至八分熟，用冰水浸泡备用。
7. 马苏里拉芝士切片备用。

制作过程

一.制作白酱

1. 锅中加入黄油烧化，倒入面粉用勺快速炒开成黄色油面糊。
2. 加入小部分牛奶，将黄油面糊煮开煮均匀，接着倒入剩余牛奶继续化开，煮到酱汁变稠变白色即可。

二.制作奶油意面

1. 锅中倒入适量油，倒入洋葱片爆香。
2. 倒入鸡肉块同炒，炒至鸡肉块变色，将鸡肉块夹出，锅中只留洋葱片。
3. 利用洋葱的香味和底油，倒入土豆块和胡萝卜块翻炒均匀。
4. 锅中加入水，水的量要以淹没土豆等食材为准。
5. 开大火烧开水，随后转为小火，盖上锅盖慢慢焖煮，煮到土豆和胡萝卜快熟时开锅。
6. 倒入西蓝花块和鸡肉块翻炒均匀，煮1~2分钟煮熟食材。
7. 倒入白酱炒匀，锅中此时要留有一些汤汁，以便煮开白酱，开中火让所有酱汁煮匀，咕嘟咕嘟冒着泡。
8. 加入适量盐调味。
9. 将事先煮好的斜管面铺在焗面碗底部，舀入奶油炖菜，表面铺马苏里拉芝士片，放入事先预热至200℃的烤箱中，烤至芝士融化在白酱顶部即可。

凌介介说

1. 制作白酱时，用黄油炒面粉要用小火，慢慢用勺子将面粉和黄油炒匀，切不可开大火，否则容易将面粉酱炒焦结块。
2. 倒入牛奶煮白酱时记得要分次加入，先倒入一点儿，将面粉酱煮开至无颗粒状时再继续加剩余的牛奶，同样也是分次慢慢加入，拌匀了再加下一次，这样可以保证炒出来的白酱十分细腻，无结块。
3. 鸡肉极容易熟，鸡肉用洋葱炒过后要先夹出备用，不能同蔬菜一起炖煮，否则鸡肉容易变老变柴就不好吃了。
4. 若家中没有芝士刨也不用担心，把马苏里拉芝士切片后铺在意面上也是一样的效果。

·凉拌橄榄菜意面·

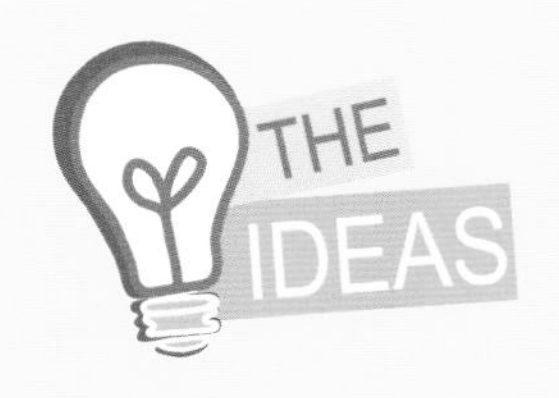

·凉拌橄榄菜意面·

中式下饭菜拌出美味意面

喜欢玩美食搭配创意的我，总会在各色菜式中周旋，寻找味蕾上的平衡点。拿意面来说，我甚至拿意面炒过鸡丁和牛柳。在我看来，只要好吃，没有什么不可以的。其实，在意大利，除了经典的茄汁意面、肉酱意面、千层面等，听说当地人更爱吃简单的凉拌意面。做好酱汁或配料，直接与煮好的意面拌在一起就吃，快速简单又方便，摆盘更是随意，仅以简单蔬菜、芝士等点缀即可。于是我想到，既然意大利有罗勒松子意面，那么拿中国超下饭的橄榄菜来拌意面如何？试过之后，我可以告诉大家，很好吃，是一道有惊喜的搭配，推荐一试！

材料

橄榄油50克	洋葱40克	橄榄菜250克	手工意面200克
鸡蛋丁适量	芝士粉适量		

准备

洋葱洗净去皮切成细末备用。

制作过程

图 1

图 2

图 3

1. 锅中倒入橄榄油烧热，倒入洋葱末爆香。
2. 加入橄榄菜炒匀，拌面酱完成。（图 1）
3. 将拌面酱放到凉备用。
4. 将手工意面煮熟，放到冰水中过凉后沥干水捞起。
5. 面条中加入少量橄榄油拌匀。（图 2）
6. 取适量炒好的橄榄菜酱与面条拌匀。（图 3）
7. 撒上适量鸡蛋丁和芝士粉作为装饰。

凌介介说

1. 煮好的意面要过凉水，这样可使意面更加 Q 弹。
2. 面条上加入适量橄榄油拌匀可防粘连，煮好的意面放一天都可以。
3. 橄榄菜是买的瓶装即食橄榄菜，含有盐分，此面无须额外加盐。
4. 本篇中的手工意面是我制作的，配方为高筋面粉 500 克、鸡蛋 216 克、盐 2 克，将所有原料混合均匀后揉成面团，过压面机，反复多次擀压后再切出成宽条型即可。这种面条通体呈黄色，耐煮，口感好弹性十足，推荐喜欢手工制作的朋友试试。若没有手工意面，用市售圆管面或宽面亦可。

·蒜香奶油虾仁蝴蝶面·

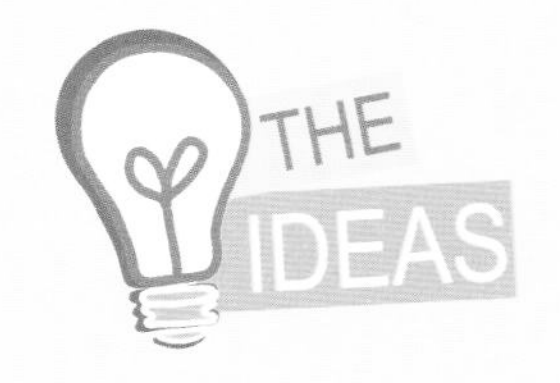

·蒜香奶油虾仁蝴蝶面·

大蒜与奶油意面的惊喜碰撞

我一直以来都非常喜欢大蒜做的美食，以前做过蒜泥面包，炒青菜也一定要放好多蒜泥。蒜泥加点儿糖和生抽拌一拌，腌制2小时左右即可作为蘸酱吃，蘸食白肉、白灼蔬菜等都非常美味。在常见的奶油意面中加入大蒜，没想到也非常有惊喜。蒜味与虾仁的鲜味融合得似为一体，与淡奶油不仅不排斥，还给奶油解了些许腻，增加了奶香味，这款搭配真的值得推荐。

材料

淡奶油 90 克	牛奶 110 克	蒜 20 克	蝴蝶面 100 克
虾仁 85 克	盐适量		

准备

1. 蒜切成蒜末备用。
2. 鲜虾洗净后剥去壳，开背去虾线后称量85克备用。
3. 烧一锅开水，加入适量橄榄油和少量的盐，将蝴蝶面下到水中煮到八分熟捞出，沥干水后泡入冰水中备用。

制作过程

图1

图2

图3

1. 炒锅中倒入适量油烧热，炒虾仁至八分熟后盛出。（图1）
2. 锅中再倒入适量油，爆香蒜末后倒入沥干水的蝴蝶面翻炒。（图2）
3. 加入淡奶油和牛奶，将意面煮一会儿至熟。（图3）
4. 加入虾仁翻炒均匀，最后加入适量盐调味即可。

凌尒尒说

蝴蝶面要煮到表面变成奶黄色，用手指可以轻松掐断，变软了为止。煮好的蝴蝶面如果不立即使用，可以煮到中间夹心还稍带白点状的不熟状态，接着过冰水后沥干备用。

·豆浆鸡丝乌冬面·

·豆浆鸡丝乌冬面·

妈妈一定喜欢的创意营养面

妈妈喜欢吃乌冬面，所以我在家，也想尝试做做。那天突发奇想，想用豆浆来做面条汤底试试。自家榨的豆浆可以比较香浓，味道也比外面买的好，制作起来也很简单，提前一晚泡发黄豆，用豆浆机榨汁，最后滤出豆浆煮熟。用豆浆搭配鸡丝，做一道健康美味的豆浆鸡丝乌冬面，妈妈们一定喜欢。

材料

乌冬面 200 克	丝瓜 240 克	胡萝卜 120 克	鸡腿 3 个
豆浆适量	盐适量	姜适量	葱适量

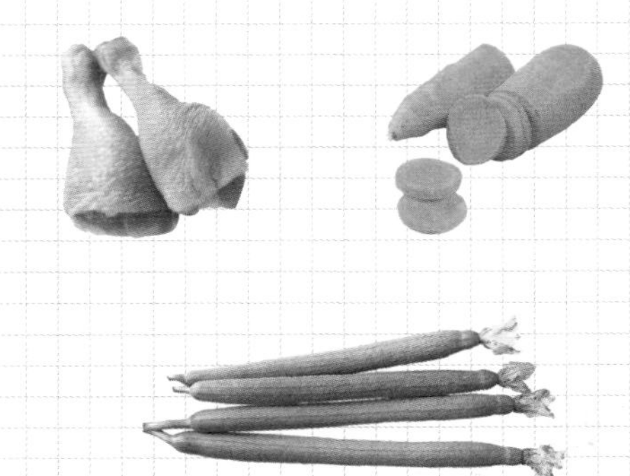

1. 鸡腿洗净备用。
2. 丝瓜和胡萝卜切丝备用。

制作过程

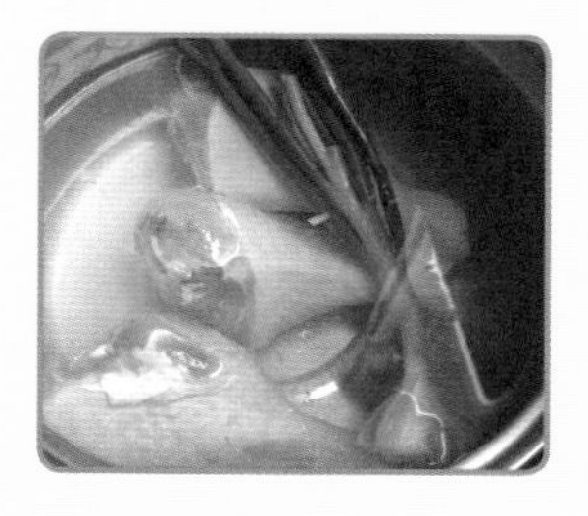
图 1

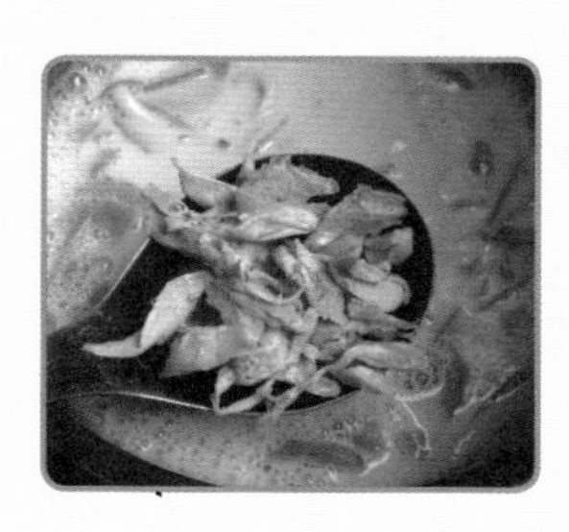
图 2

图 3

一. 制作手撕鸡丝

1. 鸡腿洗净，凉水下锅，加块姜，加根香葱，开火。煮的过程中用筷子插入鸡腿中，把里面的血水放出。（图 1）
2. 煮鸡腿时要注意看时间，全程（从鸡腿下锅时算起）15 分钟左右即可。
3. 取出鸡腿，放入旁边准备好的冰水中，可立即收缩鸡腿的肌肉，使其脆嫩。
4. 待凉，用手撕鸡腿肉。放置旁边备用时，请盖好盖子。

二. 制作豆浆鸡丝乌冬面

1. 锅中加入自制豆浆，煮至沸腾，再煮 5 分钟。
2. 加入丝瓜丝和胡萝卜丝，煮至丝瓜丝软身，胡萝卜丝熟。（图 2）
3. 加入乌冬面，搅开，煮熟。
4. 加入适量盐调味，关火后加入事先撕好的鸡丝拌一拌即可。（图 3）

凌介介说

让鸡肉煮得最嫩，一共是两个重要步骤：

1. 锅里放凉水，扔进三根打了结的香葱。从鸡大腿下锅到最后关火，总共 15 分钟左右。煮制过程中，你可以拿把刀子或筷子，插入鸡腿肉中 15 分钟左右，将刀子或筷子拔出，再将肉稍稍掰开，若无很多血水，内里肉基本变白即为煮熟。
2. 鸡大腿捞出后，立刻放入旁边事先准备好的冰水里，让冰水把鸡肉激一下，一冷一热的极度温差，能把鸡肉的纤维拉紧，使鸡肉更加鲜嫩。

·咖喱培根盖浇面·

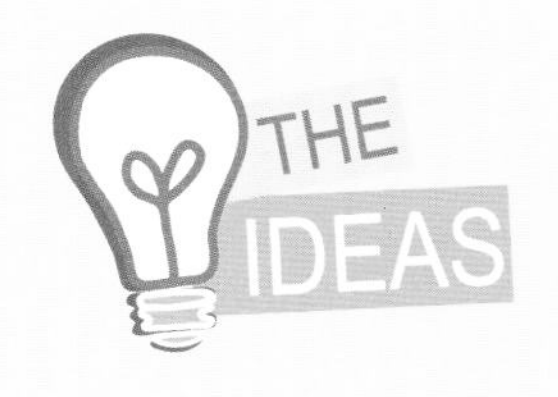

·咖喱培根盖浇面·

新手也能轻松完成的家常简餐

太忙没空做饭？太闲懒得做饭？不管是何理由，吃都是人生大事，在吃上切不可马虎大意、随意打发。仅以此篇献给没饭吃的朋友们。

咖喱培根盖浇面，没有任何技术要求，最简单的异域风味盖浇面，最快手家常简餐，即使是厨房新手都可以轻松完成。到超市挑选一款自己喜欢的咖喱膏吧，原味、辣、特辣随意挑选，底汤可用鸡汤、鸭汤或白开水，将咖喱块丢到水里煮开，下面条、培根，再搭配一些简单的蔬菜和鸡蛋，15分钟就可以完成的咖喱培根盖浇面，快速又好吃，与啃饼干或面包相比，可是幸福指数直冲云天！

培根100克	咖喱膏3块	手工面1把	鸡蛋1个
黄瓜适量			

准备

1. 煎荷包蛋，待两面凝固呈金黄色即可盛出备用。
2. 黄瓜洗净外皮后搓成丝备用。
3. 培根切丁。

制作过程

图1

1. 锅中倒少许油，把切好的培根丁倒入锅中，煸炒出香味。（图1）

图2

2. 加入咖喱膏3块，加适量水煮出稠稠的咖喱汤汁即可。（图2）

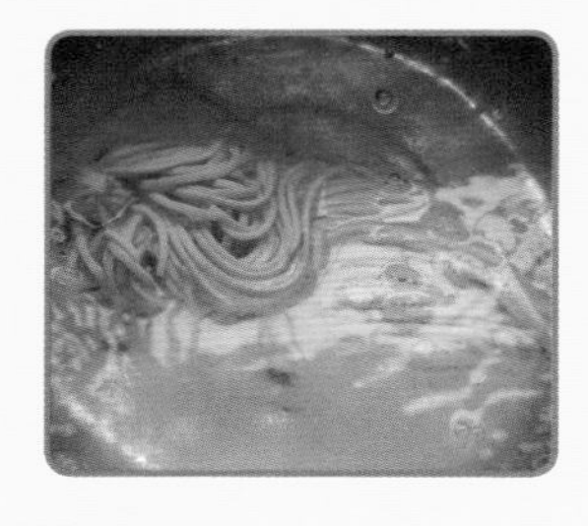
图3

3. 鸡蛋面另起一锅，煮咖喱的同时煮面条，煮软即可关火捞出。（图3）

4. 面条盛盘，浇上咖喱培根酱汁即可。

凌介介说

1. 咖喱膏带有咸味，制作此面可不加盐。
2. 没有自制手工面可以从超市买，也可以从手工面条作坊买。

·番茄鸡蛋打卤面·

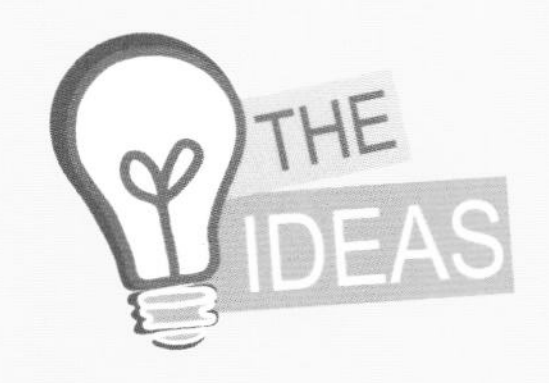

·番茄鸡蛋打卤面·

自家DIY的手工面就是好吃

自从家里买了压面机，我就对它爱不释手，利用率奇高。因为有它，我终于发现面条的Q弹体现在何处，什么叫久煮不烂，这些，真的只有用鸡蛋加入面粉中才能制作出来。制作面条时，和面液体要少，使得面的质地干一些，过压面机后平整服帖，压出的面条稍微风干后装包冷冻保存，想吃时随取随用，面条Q弹爽口，煮好后即便泡在面汤中也不会坨成面疙瘩，根根爽滑分明！

本书后续将介绍多款面条，加入玉米面粉的玉米面条、菠菜面条，还有普通面条。本篇介绍百分之百的鸡蛋面，完全由鸡蛋来和面，不加一滴水，这款面条与其他面条相比，Q劲加倍，弹牙无比，真是面食中的超棒组合。

材料

100%鸡蛋面	中筋面粉300克	鸡蛋130克	盐2克
番茄鸡蛋卤原料	番茄2个（450克）	鸡蛋3个	豇豆80克
	海米35克	番茄酱3大勺	辣椒酱1大勺
	盐、水淀粉各适量		

准备

1. 海米提前洗净备用。
2. 豇豆洗净，剪成或切成1cm左右长的小段。
3. 番茄洗净去皮切丁。
4. 鸡蛋磕在碗里，3个蛋加3大勺水打匀成蛋液备用。（这也是使炒鸡蛋更嫩的秘诀。）

制作过程

图 1

图 2

图 3

1. 锅中倒入适量油，加入打好的鸡蛋煎炒，把鸡蛋用铲子切得小块一些，盛出备用。（图 1）
2. 倒入海米爆香，加入豇豆段一同干煸至软。
3. 加入番茄丁同炒，不加水，熬成番茄泥。（图 2）
4. 加入事先炒好的鸡蛋，3 大勺番茄酱调味，若喜欢吃辣的还可以再加入 1 大勺辣椒酱，一起炒匀。（图 3）
5. 加入适量盐调味。
6. 加入适量水淀粉，把番茄鸡蛋卤勾芡收汁即可。
7. 面条煮熟盛入碗中，加适量食用油或者橄榄油拌一拌防黏在一起，将番茄鸡蛋卤舀入碗中同面条拌一拌即可食用。

凌尒尒说

1. 番茄鸡蛋卤制作过程中除了最后勾芡加水淀粉，其他过程全程不加水，因为番茄里含水量不小，再加水酱卤就会变稀了，味道也会偏淡。
2. 手工面的制作过程可见本书最后附录 1。

培根蟹味菇玉米面

·培根蟹味菇玉米面·

超有个性的手工玉米面

制作手工面条的好处，就是可以任意加入健康的、自己喜欢的食材，从而将一份普通的面条打造得个性十足。我曾做过黑芝麻面、胡萝卜面、菠菜面、荞麦面，还有本篇玉米面等与众不同的面条，让面条的风味不再简单，也更健康，各位爱好 DIY 的朋友可以动起手来，打造你们自己喜欢的独特风味哦。

材料

蟹味菇 170 克	青辣椒 80 克	培根 90 克	洋葱 160 克
香辣酱 25 克	蚝油 12 克		

准备

1. 蟹味菇去蒂洗净，沥干水备用。
2. 洋葱洗净切丝备用。
3. 青辣椒洗净对半切开，去籽切小段备用。
4. 培根改刀切小块备用。

制作过程

图 1

图 2

图 3

1. 将锅中水烧沸腾后，下玉米面煮至八分熟（面条试吃一下，确保其还有些硬度）。（图 1）
2. 煮面的同时炒菜，锅中倒油烧热，下培根块煸香，盛出备用。
3. 锅中底油煸香洋葱丝，下蟹味菇同炒。（图 2）
4. 面条沥干水下到炒锅中，同锅内的原料一同翻炒均匀。
5. 加入培根块和青辣椒段一同翻炒。
6. 加入香辣酱和蚝油，炒匀面条之后即可装盘食用。（图 3）

凌尒尒说

1. 这一份简单的家常式炒面，原料可根据自己喜好做不同替换，将蟹味菇换成杏鲍菇、香菇、蘑菇均可。不过，蟹味菇的风味真的是很不错，众所周知，蟹的滋味鲜甜，是许多人喜食的海产，这款蟹味菇简单炒起后食用真的有股说不出的清甜感觉，跟蟹的风味接近，以此命名果然恰到好处。
2. 面条的制作过程基本相同，详细制作过程可见附录 1。玉米面的配方为：中筋面粉 260 克、玉米面 40 克、鸡蛋 50 克、水 70 克、盐 1 克。

·私房香菇肉酱拌面·

·私房香菇肉酱拌面·

我家肉酱的丰富微表情

每家的拌面酱都有自己独特的风味，我也喜欢在家里熬各种肉酱，每次的原料都不同，家里有什么就玩什么。以前甚至会经常熬一堆肉酱送朋友，这样的伴手礼很少见吧？不过，出于自己的心意在其中，朋友们都喜欢，我也很开心。我家的私房肉酱都是有微表情微变化的，但做得最多的是这样的，烦请看过来！

材料

猪绞肉 350 克	海米 25 克	干香菇 20 克	香磨豆豉酱 40 克
花生酱 15 克	甜酱油膏 15 克	黄瓜 1 根	红葱头适量
盐适量	香油适量		

准备

1. 香菇提前1小时泡水至软，洗净后切成小丁备用。
2. 海米洗净，把海米剪成小块状。
3. 猪肉洗净切小块剁成肉末，或者用搅拌机搅成猪绞肉均可。
4. 红葱头洗净去皮，切成薄片。
5. 黄瓜切丝。

制作过程

图 1

1. 红葱头薄片入油锅炸至金黄香酥，加入海米小块煸出香味。

2. 倒入香菇丁一同煸炒。倒入猪绞肉，所有原料炒匀，炒到猪肉发白。（图 1）

图 2

3. 加入香磨豆豉酱和花生酱，炒匀。（图 2）

4. 加入适量水，把酱熬到熟，水略收，使酱呈略稠的状态。

5. 加入甜酱油膏炒匀。

图 3

6. 倒入适量水淀粉收汁，最后倒入适量盐和香油调味，盛出。（图 3）

7. 锅中烧开水，把压好的面条下到锅中煮，不时用筷子搅一搅，煮约 3 分钟，捞出面条沥干水，加入香菇肉酱和黄瓜丝拌一拌即可食用。

凌介介说

如果喜欢香辣肉酱，可以煸香辣椒、花椒，或者直接加入油辣子。如果喜欢海鲜风味，还可以加入海米、虾皮等原料。家人喜欢什么样的风味就怎么做，这样才不辜负“私房”之名。你也来制作一道你自己家的私房肉酱吧。

·赤鲸鱼汤面·

·赤鯮鱼汤面·

鲜美又简单的一餐

所谓“靠山吃山，靠海吃海”，厦门人最喜欢的汤面非鱼面莫属。到市场上买点儿新鲜小鱼，双面干煎，趁热舀入水，加几片姜煮沸鱼汤，加入面条和青菜，就是简单又鲜美的一餐。我也不例外。爸爸喜欢赤鯮鱼，家里的冰箱里总有新鲜的存货。当一个人在家时，这种鱼汤面就是最好的选择。鲜美的热乎乎的鱼汤加丰富的蔬菜，冬天来一碗，整个身心都暖和了。

材料

赤鯮鱼2条	面条1份	番茄1个	西蓝花几朵
盐少许	姜适量		

准备

1. 姜洗净切出3片备用。
2. 番茄洗净切块备用。
3. 赤鯮鱼处理干净备用。
4. 西蓝花洗净放入沸水中焯一下。

制作过程

图 1

图 2

图 3

1. 平底锅中倒入适量油烧热，将赤鯮鱼放入平底锅中煎到两面金黄即可。
2. 盛出鱼，在锅中倒入水烧至沸腾，将鱼重新入锅，加入姜片一同煨煮到鱼汤呈白色。
3. 加入西蓝花同煮。（图 1）
4. 加入面条煮至软。（图 2）
5. 加入番茄块，最后加入适量盐调味即可。（图 3）

凌尒尒说

赤鯮鱼的背鳍呈椭圆状，有两条长须，学名叫真鲷鱼。如果没有赤鯮鱼，换成其他鱼也可以，一定要把双面煎香了再煮才最好吃。

·福建炒面·

·福建炒面·

在新加坡扬名的福建面

本篇炒面虽冠以“福建”之名，却风靡于新加坡，正儿八经的福建人可能制作起来都没有新加坡人做得正宗。有一次看蔡澜先生的饮食节目，介绍新加坡美食。其中，福建炒面给我留下了很深的印象，市场里的一个角落，老板穿着白背心搭条毛巾，在大火炉前挥动铁锅，手起铲落，原料一样一样舀下锅，甩——收回，重复几次，后加调料，盛出，一气呵成。看完后，试着做做。这炒面，其实也是闽南人喜欢的炒面方式，以海鲜、豆芽、碱面为基本搭配，再加入福建人喜欢的卷心菜（甘蓝菜）、胡萝卜丝等，在本书后面的菠菜家常炒面中也会提到。

材料

豆芽 20克	鱿鱼 30克	虾 30克	鸡蛋 2个
福建碱面 300克	香葱适量	酱油膏适量	盐适量

准备

1. 虾去壳，开背去虾线。
2. 鱿鱼洗净切出鱿鱼花。
3. 香葱洗净切段。

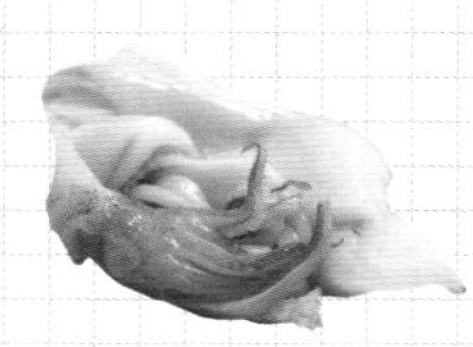

制作过程

图 1

1. 锅中倒入油，把鸡蛋炒好盛出备用。
2. 重新倒油，烧热，把剥好的虾头先下油锅中爆香，爆出虾油，然后把虾头和一半油盛出，锅中留一点儿底油。（图 1）

图 2

3. 把虾仁和鱿鱼爆炒至九成熟盛出。
4. 放入之前盛出的一半虾油，把香葱的葱白部分和黄豆芽一起放入锅里翻炒。
5. 加福建碱面翻炒。

图 3

6. 快熟时加入之前炒好的鸡蛋、虾、鱿鱼翻炒，再加入酱油膏，最后香葱叶部分的葱段加入里面翻炒几下，放入适量盐调味即可出锅。（图 2、图 3）

凌尒尒说

1. 福建炒面要搭配福建产的蒜蓉甜辣酱吃才更加美味。
2. 如果没有酱油膏，可以直接用酱油代替。

家常菠菜炒面

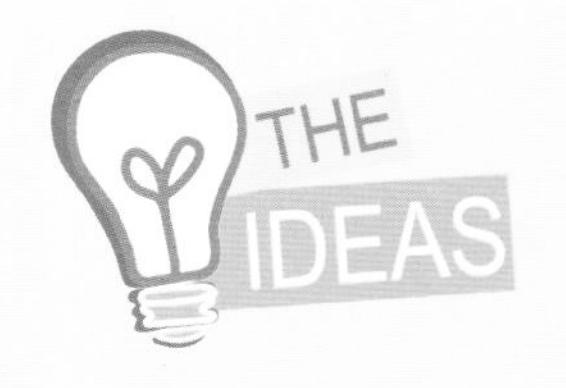

·家常菠菜炒面·

家庭手作的味道就是不一般

我家的炒面总是很简单，卷心菜、胡萝卜、猪肉丝、虾皮、鸡蛋、香菇片，偶尔换些菜或少些菜都无所谓。家常的，自己喜欢就好。这次做手工菠菜面，能多出一点儿不一样的滋味。这样的一份炒面，营养又健康，制作起来简单快手。

材料

炒菠菜面	手工菠菜面 180 克	卷心菜 180 克	胡萝卜 80 克
	香菇 60 克	虾皮 25 克	鸡蛋 2 个
	猪肉 180 克		
猪肉调料	白胡椒 1.5 克	盐 1 克	生粉 1 克

准备

1. 卷心菜洗净切丝。
2. 胡萝卜洗净去皮切丝。
3. 虾皮洗净备用。
4. 香菇洗净切片。
5. 2 个鸡蛋加 2 勺水打散备用。
6. 猪肉切丝，加入猪肉调料拌匀备用。

制作过程

图1

图2

图3

1. 锅中倒入适量油，加入鸡蛋炒熟盛出备用。
2. 锅中倒入适量油，倒入调好味的猪肉丝，炒散至熟盛出备用。（图1）
3. 倒入适量油，倒入处理好的卷心菜丝和胡萝卜丝炒匀。
4. 加入香菇片和虾皮炒匀。（图2）
5. 另取一口锅，烧开水，放入菠菜面煮熟。
6. 菠菜面沥干水放入蔬菜锅中，翻炒均匀。（图3）
7. 倒入事先炒好的鸡蛋和猪肉丝炒匀。
8. 最后加入适量的盐调味即可。

凌尒尒说

1. 手工菠菜面的制作方法可参考本书附录1，将配方中的鸡蛋重量减半，换成菠菜汁即可。
2. 最适宜做面条染色汁的蔬菜除了常见的菠菜，还有胡萝卜和紫甘蓝，用这两种汁压出来的面条颜色保持也很正。
3. 这道家常炒面，你可以换成自己喜欢的各种面来制作。如果跟我一样有压面机，那就试着体验手工面条的乐趣吧。

·韩味泡菜炒宽面·

·韩味泡菜炒宽面·

韩式泡菜新花样

泡菜是韩食的灵魂，在韩国饮食中占有重要地位。韩国冬季寒冷、漫长，不长果蔬，所以韩国人用盐和辣椒来腌制泡菜以备过冬，可能也是怀着这份感恩，使得韩国人对泡菜的感情深远绵长。随着韩国料理逐渐登上中国人的餐桌，越来越多的中国人也开始喜欢泡菜，并变着花样品尝它。例如这道韩味泡菜炒宽面，浓郁醇美，微酸香辣，回味悠长哦。

材料

香葱 30 克	宽面 160 克	大蒜 17 克
五花肉 120 克	韩国白菜泡菜 400 克	韩国辣椒酱 50 克

准备

1. 韩国白菜泡菜改刀切小块备用。
2. 五花肉切薄片备用。
3. 大蒜去皮剁成蒜末备用。
4. 香葱洗净切段备用。
5. 边炒佐料时边煮宽面，煮至八分熟即可。

制作过程

图 1

图 2

图 3

1. 锅中倒入适量油烧热，倒入蒜末爆香，倒入五花肉片一同翻炒至爆出猪油。
2. 倒入改刀后的韩国白菜泡菜块翻炒。
3. 将煮好的宽面沥干水倒入锅中翻炒。（图 1）
4. 加入韩国辣椒酱，将所有原料翻炒均匀。（图 2）
5. 加入香葱段翻炒均匀即可装盘盛出。（图 3）

凌尒尒说

1. 韩国辣椒酱和泡菜都有盐分，此份炒面无须加额外的调味。
2. 肉类搭配不仅可选用猪肉，牛肉、虾等亦可。

花生酱凉拌荞麦面

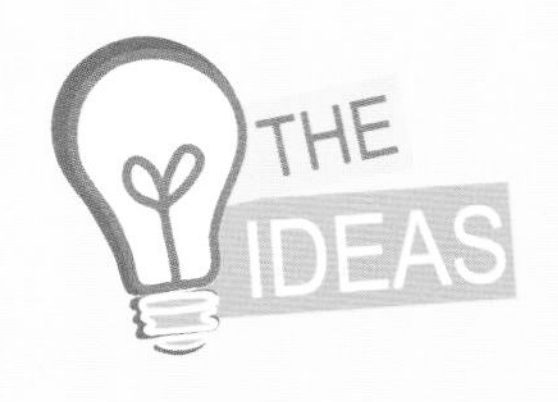

·花生酱凉拌荞麦面·

换种面条做碗家庭凉面吧

现代人精面吃太多，偶尔也想换些粗粮面，这种市售的荞麦面我就觉得很不错，吃起来筋道又爽滑，制成凉面最为美味。北方人多以芝麻酱来制作凉面，南方人则更喜欢花生酱，甜咸兼备的柔滑花生酱吃起来还带有原味的坚果香。这份面条，最美味的口感就是那花生酱与面条黏在一起，入口浓香顺滑又丰富浓郁，咀嚼一番，偶尔还有颗粒状花生惊喜地跳跃出来，给味觉一个起伏状冲击。若喜欢食辣，在凉面中加入一些油辣子一定也超美味哦！

材料

荞麦面200克	花生酱75克	盐2克	水60毫升
盐适量	胡萝卜适量	黄瓜适量	花生适量

准备

1. 花生米去红皮，用石臼捣成花生碎备用。
2. 胡萝卜洗净去皮，改刀成细丝备用。
3. 黄瓜洗净，改刀成细丝备用。
4. 花生酱加水和盐，调成稠润状。

制作过程

图 1

图 2

图 3

1. 荞麦面用水煮熟，沥干水捞出，加入适量香油拌匀防粘连，放在一旁放凉。（图 1）

2. 放凉的荞麦面上铺上胡萝卜丝、黄瓜丝和拌好的花生酱，撒上适量花生碎点缀。（图 2）

3. 将所有原料拌匀即可享用。（图 3）

凌介介说

1. 花生酱加水搅拌要分多次，一次将水全部加下去将很难拌开，少量多次是关键。
2. 胡萝卜、黄瓜、花生米的量确实无法给出确切重量，请根据各人喜好多加或少加哦。

·黑胡椒酱油湿炒面·

·黑胡椒酱油湿炒面·

日式拉面的湿炒新法

面条的种类真多，手工面、意大利斜管面、意大利蝴蝶面、意大利圆细面、乌冬面、荞麦面，还有本篇的日式拉面。世界各地的面条种类各不相同，各有特色，哪些时候可以把这些面条都吃个遍呢？这真是个美好的愿望。用日式拉面来做湿炒面，加入酱油炒，用黑胡椒调味，面条湿润入味，是一种不错的新式味觉体验。

材料

炒面	四季豆150克	红辣椒20克	猪肉160克	日式拉面200克
	大蒜15克	生抽22克	黑胡椒适量	盐适量
猪肉调料	盐1克	黑胡椒1克	糖3克	玉米淀粉3克

准备

1. 猪肉洗净切丝，加入猪肉调料抓匀腌制入味2小时。
2. 四季豆去两边丝，从侧边下刀切成斜长条备用。
3. 大蒜去皮剁成蒜末备用。
4. 红辣椒洗净切对半，去中间籽，从侧边下刀切成斜长条备用。

制作过程

图 1

图 2

图 3

1. 锅中倒入适量油烧热，倒入猪肉丝滑炒至熟盛出。
2. 锅中底油，倒入蒜末爆香，倒入四季豆丝翻炒均匀。（图 1）
3. 锅中倒入适量水，同四季豆丝一起烧开，将日式拉面扒松散倒入锅中。（图 2）
4. 将面条炒匀，加入生抽上色。
5. 倒入事先炒好的猪肉丝和红辣椒丝翻炒均匀。（图 3）
6. 最后加入适量盐调味即可。

这款面用的是生的日式拉面，在煮制过程中，汤汁会受到淀粉糊化而变稠，整道面最后呈半干湿状态，别有一番滋味。

- 苹果肉桂面包布丁 -

- 早餐三明治 -

- 巧克力大理石华夫饼 -

part 04

★ 12 个时尚早餐主食提案 ★

一日之计在于晨，一晨之计在于食。来一份创意早餐料理吧，一整天都会精神倍儿棒，充满正能量。当迷迭香、菠菜、培根、照烧鸡和面包、司康亲密接触，当布丁与蓝莓、肉桂面包相依相偎，当三明治里夹满自己喜爱的食材与配料，当华夫饼也舍弃甜味，换上咸香装备……一家人围成一桌，看阳光洒进来，让早餐成为一天美好的开始吧！

黑麦核桃乳酪包

·黑麦核桃乳酪包·

教你做最基础、最好看的花朵面包

说到给面团做造型，这款花朵形的面包应该是最简单的基础级别的，看起来也很让人喜欢，内里的馅料亦可千变万化，应该是新手们最易上手的基础面包，作为早餐面包也不错。

本篇选以黑麦作为面团原料，内馅是特调乳酪核桃馅，浓郁的奶香中带有坚果的口感。做好后送了三个给闺蜜，打包时发现这三块面包分量沉甸甸，自己做的果然跟外面买的不一样，很实在哦！

材料

原料	黑麦粉100克	高筋粉400克	鸡蛋50克	水285毫升
	糖50克	盐6克	黄油45克	酵母5克
乳酪馅	奶油乳酪200克	糖50克	核桃40克	

准备

奶油乳酪放置软化或放微波炉小火转一分钟软化，用手动搅拌器搅拌均匀，加入糖一同搅拌均匀，最后倒入掰成小块的烤香核桃拌匀，奶酪核桃馅完成，放置一旁备用。

制作过程

图 1

图 2

图 3

1. 将面包原料中除了黄油外的所有原料倒在一起拌匀成团，继续揉面至能拉出一层坚韧的膜。

2. 加入黄油揉入面团中，搅打面团至面团能轻松拉出一层透明的薄膜。

3. 滚圆面团放入深盆中，表面盖保鲜膜放置温暖处发酵至面团两倍大。

4. 取出面团排气，将面团切割成 70 克 / 个，滚圆后松弛 15 分钟。（图 1）

5. 将松弛好的面团擀开，中间包入奶酪核桃馅，收好收口，收口朝下。（图 2）

6. 重新团成圆形，两两对称地共切成八刀。

7. 继续发酵面包胚，使其膨大，表面刷上全蛋液，中间黏上杏仁片。（图 3）

8. 预热烤箱 180℃，放置烤箱中层烤焙 17 分钟即可。

凌尒尒说

核桃一定要事先烤香后才可使用，方法是烤箱调至 180℃，烘烤大约 5 分钟即可。

·培根香葱肉松包·

·培根香葱肉松包·

长时间保持松软湿润的秘密

我家有个挑嘴爸爸，只爱蛋糕不爱面包，不过，加肉的咸面包是例外。例如这款培根香葱肉松包。口感层次丰富，用料十足，既饱腹又美味的面包，早餐他能一口气吃掉三个。面包体配方选择了5度液种，这种制作方法能使面包长时间保持松软湿润，即便放置两三天，再重回烤箱烤热后仍能松软如初，很推荐这个配方。

材料

液种	高筋面粉150克	水150毫升	酵母1克
其他	液种面团300克	高筋面粉250克	低筋面粉100克
	水135毫升	酵母4克	糖40克
	黄油45克	培根100克	香葱30克
	鸡蛋50克	盐7克	肉松、沙拉酱各适量

准备

1. 培根切小块后入油锅煸炒后盛出备用。
2. 葱洗净切成葱珠备用。
3. 将液种所有原料倒在盆中一起拌匀，表面盖上保鲜膜，放入冰箱冷藏16小时后再制作。

制作过程

图 1

图 2

图 3

1. 将除了培根块、葱珠、黄油、肉松和沙拉酱外的所有原料均倒入搅拌缸中，将面团搅拌至表面光滑。（图 1）

2. 加入黄油，先开慢速让黄油完全融入面团中，再改高速打出面筋，取一小块面筋检验，能轻松拉出一层透明的薄膜即可。

3. 将先准备好的培根块控干油分，和葱珠一起加入面团中，慢速搅拌进面团里，使其分布均匀。

4. 将面团滚圆，放入深盆中，表面盖湿布或保鲜膜放置温暖的地方发酵至面团两倍大。

5. 取出面团排气，分割出 50 克 / 个的面团 16 个，放入不粘烤盘中。（图 2）

6. 面包进行二次发酵，直到面团发酵膨大至两倍左右。（图 3）

7. 预热烤箱 180℃，放置中下层烤焙 25 分钟即可。

8. 烤好的面包放凉，表面抹上沙拉酱，蘸上肉松就完成了。

培根一定都要先煎，煎出那股熏肉香味后再作为原料，生培根一般是不可以直接参与制作的。

全麦照烧鸡排餐包

·全麦照烧鸡排餐包·

全麦小餐包的另一种滋味

很多人都以为全麦面粉是普通的中筋面粉，因为很多市售的所谓饺子粉、馒头粉的包装上也都写着全麦面粉。不过做烘焙的人深知，全麦粉是小麦麸皮粉，保有与原来整粒小麦相同比例的胚乳、麸皮及胚芽等成分。全麦面粉营养非常丰富，是天然健康的营养食品。将全麦面粉在掌心搓开，可以看到有粉碎的麸皮在里面。烤焙简单的全麦小餐包，再腌制照烧鸡排，这样的一份元气满满的早餐，就是一整天活力的来源。

材料

全麦餐包	高筋面粉300克	全麦粉（带麸皮）100克	细砂糖30克
	盐7克	酵母5克	黄油40克
	水264毫升		
鸡腿肉	蒜末15克	黑胡椒1克	盐3克
	糖15克	叉烧酱15克	生抽15克
	料酒10克	芝麻香油10克	鸡腿3个

准备

1. 3个鸡腿去骨拆肉。
2. 鸡腿肉加入鸡腿调料腌制6小时。

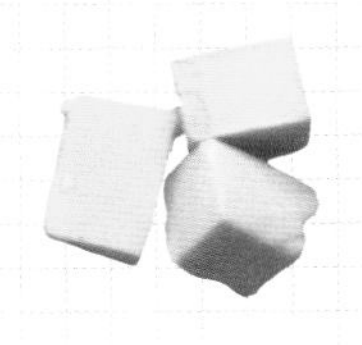

制作过程

图 1

图 2

图 3

一. 制作全麦餐包

1. 将除了黄油外的所有原料全部混合，搅打融合成光滑的面团。
2. 把面团搅打到出筋，加入黄油与面团融为一体，继续搅打，直到面团能拉出一层透明的薄膜。
3. 面团重新整圆，放入干净的面盆中，盖上保鲜膜放到温暖的地方发酵（夏天室温即可）。
4. 发酵完成，取出面团排气滚圆。面团称重，平均分割 50 克 / 个。（图 1）
5. 面团滚圆，盖上保鲜膜松弛 10 分钟，擀开面团，做一次擀卷，卷成橄榄形，盖上保鲜膜做二次发酵，发酵至两倍大。（图 2）
6. 在发酵完的小餐包上喷水，预热烤箱 180℃，烤 15 分钟。

二. 制作照烧鸡排

1. 烤箱预热 200℃，烤 10 分钟。
2. 小餐包烤好后从上部剖开一刀，夹入香菜叶和烤好的叉烧鸡肉，挤上叉烧酱或沙拉酱，点缀些许白芝麻即可。（图 3）

凌介介说

家庭制作健康面包，加点儿佐料是必不可少的。本书中有地瓜吐司、南瓜面包、黑麦橄榄油核果包、土豆面包，这些都是加了健康元素的手作面包，与白面包相比，这些面包更不易发胖，是保持身材苗条的最佳食物。

蓝莓烤吐司布丁

·蓝莓烤吐司布丁·

“超速”甜美早餐

一款可以提前准备，早上起床后立即烤焙的快手“超速”早餐，就是烤吐司布丁。制作烤吐司布丁，就是在布丁液中加入吐司后烤制而成的一款主食甜品。早晨吃上一碗刚出炉的烤吐司布丁，会让人从身体内温暖起来。烤制吐司布丁的过程约需20分钟，准备阶段却可提前至前一晚，因此一点儿也不浪费宝贵的早晨时间。临睡前准备好布丁液，把奶油、鸡蛋、牛奶等原料事先拌好放在冰箱，吐司切丁，蓝莓洗干净，第二天全倒在一起后放进烤箱中烤焙就行了。这样一款可甜可咸的超级美味，等着你开发新的吃法和搭配哦。

材料

蓝莓70克	吐司3片	淡奶油150克	牛奶150克
鸡蛋3个（约160克）	细砂糖50克	香草荚1/2支	

准备

1. 蓝莓洗净，吐司切丁备用。
2. 剖开香草荚，刮出香草籽。
3. 鸡蛋加入细砂糖、香草籽打散打均匀。加入淡奶油搅拌均匀。加入牛奶搅拌均匀，布丁液完成。将布丁液过筛两遍，放入冰箱中冷藏备用。

制作过程

图 1

图 2

图 3

1. 将吐司丁、蓝莓均放入耐高温烤碗中。（图 1）
2. 碗中加入前一晚准备好的布丁液（以没过吐司八分满为准），预热烤箱至 200℃，放置烤箱中层烤焙 20 分钟。（图 2）
3. 烤好后取出凉一下即可食用。（图 3）

香草豆荚是名贵的香料，经常应用于烘焙中，不仅可提香，还可去除蛋腥味。若无香草豆荚，可用香草精代替。若还是没有，也可不加。

苹果肉桂面包布丁

·苹果肉桂面包布丁·

肉桂与苹果的惊喜搭配

面包吐司可以晚上制作，早晨起来便可吃到新鲜面包了。比如黑麦吐司，单吃松软又湿润，略微咸口的面包能让人尝到最原始的麦香味。如若觉得单吃太简单，亦可把黑麦吐司换另一种吃法，制作三明治、厚多士、面包布丁或者烤面包等。本篇介绍一款风味独特、气味芬芳浓郁的肉桂苹果面包布丁，肉桂和苹果的搭配可是甜点中的经典搭配哦。

材料

肉桂糖	苹果 180克	黑麦吐司 3片	淡奶油 150克
	牛奶 150克	鸡蛋 3个	糖 35克
肉桂糖粉	肉桂粉 8克	糖 50克	

准备

1. 鸡蛋加糖打散，加入牛奶、淡奶油搅拌均匀。
2. 将鸡蛋布丁液过筛一遍。
3. 吐司切成丁备用。
4. 苹果洗净去皮，切成丁备用。

制作过程

图 1

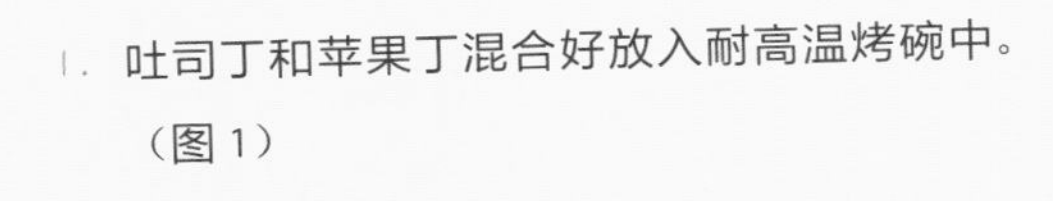

1. 吐司丁和苹果丁混合好放入耐高温烤碗中。（图 1）

图 2

2. 碗中倒入鸡蛋布丁液，预热烤箱至 200℃，面包布丁放置烤箱中层烤焙 10 分钟左右，使表面烤上色即可。（图 2）

图 3

3. 烤好后取出，趁热在面包布丁上筛上适量肉桂糖粉即可食用。（图 3）

凌尒尒说

肉桂糖是美国人特别喜欢的风味，微呛，却有着独特的芳香。推荐大家尝试一下，说不定你会喜欢哦。

·早餐三明治·

·早餐三明治·

加入撒拉米肠的营养三明治

三明治已传进中国多年，这种面包夹肉或蔬菜的食物从一开始被视为小资食物到现在人人都会DIY，这个进程的确有些迅速。我不但喜欢制作三明治，更沉醉于从面包开始就是自己亲自动手制作的满足感。我的早餐三明治总是不一样，可以利用家中的任何料，例如煎蛋三明治、炒菌菇三明治、蔬菜三明治。

本篇是夹入撒拉米肠的撒拉米三明治，主食面包、撒拉米肠、健康蔬菜，营养与美味兼备，在早晨起床后立即给困顿的胃补充美味食粮，也为一天的工作和活动带来动力来源哦。

材料

吐司2片	番茄适量	撒拉米肠适量	生菜适量
鸡蛋适量	沙拉酱适量	芝士粉适量	

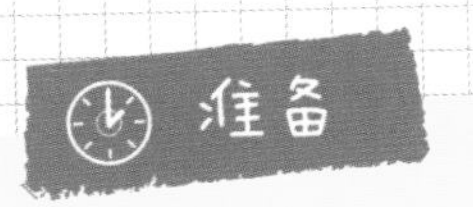

准备

1. 生菜掰好洗净沥干水备用。
2. 番茄洗净切片备用。
3. 鸡蛋放入水中煮熟备用。

制作过程

图 1

图 2

图 3

1. 取 1 片吐司，挤上沙拉酱。（图 1）
2. 依次放上生菜、撒拉米肠、生菜、番茄片和鸡蛋片。（图 2）
3. 挤适量沙拉酱，再撒上适量芝士粉，盖上另一片吐司即可。
4. 将吐司改刀切小块后即可食用。（图 3）

凌介介说

1. 鸡蛋煮熟后要立即捞出放入凉水中，这样剥出来的鸡蛋才会光滑不粘壳哦。
2. 我买的撒拉米肠是即食的，若你买的是生的，请用锅煎熟后再制作哦。
3. 三明治实在是即兴之作，在此不给出具体分量，哪种食材更喜欢吃就多夹些，没有特定分量。此外，我在这里只是给大家提出搭配建议，相信大家会有更多更好的搭配哦。

·菠菜牛肉芝士司康·

·菠菜牛肉芝士司康·

咸味快手糕点

司康是一种快手糕点，材料为面粉、糖、料、泡打粉、黄油，松软可口，趁热吃最为美味。喜欢在早餐的时候做些司康，甜咸皆可，一切均在自己创意。咸味司康还可以加入一些蔬菜，西蓝花、南瓜、胡萝卜等都可以，培根、火腿等肉类也可以做搭配，司康可以提前做好，第二天起床时放进烤箱烘热即可，热乎乎的一大块司康搭配一杯咖啡，真是简单又方便。

材料（可制作6cm齿型圆切模15个）

低筋面粉400克	高筋面粉100克	黄油120克	鸡蛋50克
牛奶220克	细砂糖25克	盐2.5克	泡打粉16克
菠菜25克	牛肉火腿100克	切达芝士80克	黑胡椒粉适量

准备

1. 菠菜洗净切细末备用。
2. 牛肉火腿片切细丁，用油炒熟备用。
3. 切达芝士切细丁备用。
4. 黄油用黄油切刀切成末。

制作过程

图 1

图 2

图 3

1. 将高筋面粉、低筋面粉、泡打粉、糖、盐混合均匀，加入黄油末。
2. 加入鸡蛋、牛奶拌至面粉微湿。
3. 加入菠菜、牛肉火腿丁、切达芝士拌匀成面粉团。（图 1）
4. 案板上撒配方外的适量高筋面粉防粘，将面粉和原料捏紧成团，用擀面杖擀成 1.5cm 高的面片。
5. 用齿型圆切模切件，一遍切完，剩下原料继续捏紧成团，擀开，切件，反复至所有原料均切件完毕。（图 2）
6. 司康表面刷蛋黄液，预热烤箱至 190℃，放入烤箱中层，烤焙 20 分钟即可。（图 3）

凌介介说

1. 制作司康，切忌不可像揉面团般反复揉搓，司康若出筋将会不酥脆，只需把面粉和液体拌匀捏紧成面粉团即可。
2. 如需防粘，可使用适量高筋面粉当手粉，但注意，只能适量哦。

洋葱午餐肉司康

·洋葱午餐肉司康·

配方改良过的咸味司康

这款司康并未用泡打粉配方，而是用酵母。酵母和泡打粉的作用很相似，泡打粉是快速胀发，酵母是靠着酵母菌发挥力量使面食胀发，二者都可以用于制作司康饼。

这款司康饼里加入黑胡椒、洋葱，还有午餐肉，咸咸的司康饼，作为早餐吃，咸香适口不腻味，还能填饱肚子，真的不错。

材料

高筋面粉170克	低筋面粉80克	洋葱40克	午餐肉30克
酵母7克	水80毫升	糖25克	盐3克
黑胡椒粉1克	黄油60克	鸡蛋1个（要留下少许刷司康表面）	

1. 洋葱洗净去皮切丁备用。
2. 午餐肉切丁备用。
3. 黄油室温软化，切成小丁。

制作过程

图 1

1. 把酵母溶于水中，蛋液打散备用。
2. 面粉和糖、黑胡椒粉混合均匀，将黄油丁放面粉里，再用双手把黄油和面粉一起搓成屑状。（图 1）

图 2

3. 面粉中加入洋葱丁和午餐肉丁混匀，再加蛋液和酵母水，拌到无干粉捏成团（不要反复揉）。（图 2）
4. 案板上撒薄面，面团擀开用小刀切成长方形。
5. 盖上保鲜膜室温发酵半小时，取出刷上蛋液。

图 3

6. 预热烤箱 180℃，放置烤箱中层烤焙 20 分钟。（图 3）

凌尒尒说

1. 如若赶时间或者性子急的朋友，可以将酵母换成泡打粉 8 克。
2. 若不想跟我一样切方形司康，也可以照老规矩用圆形模具来切哦。

·巧克力大理石华夫饼·

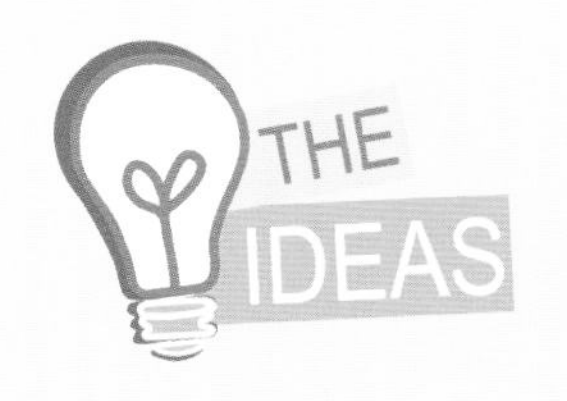

·巧克力大理石华夫饼·

家庭版华夫堪比咖啡馆版

初识华夫饼也是在美食节目中，介绍的是韩国的咖啡馆。韩国的咖啡馆似乎特别喜欢华夫饼，连大学里的咖啡馆都有。当时不知道华夫饼是什么味道，只见那堆满奶油的热饼特别诱人。无意间，我看到卖华夫饼模具的，是那种可以在煤气上直接烤制的简单款，立即入手一个。家庭版华夫饼的制作很简单，将蛋和面粉等烘焙常见原料搅拌在一起即可。面糊可以在前一天晚上制作，第二天早上起来直接在华夫模具上制作，10分钟即可让家人吃上快手的早餐，搭配热乎乎的咖啡或牛奶，真是一顿饱腹的美味。

鸡蛋 150 克	细砂糖 65 克	牛奶 100 克	低筋面粉 160 克
玉米淀粉 40 克	泡打粉 6 克	可可粉 8 克	水 25 毫升
黄油（融化）60 克，另备黄油约 20 克用以刷模具防粘			

准备

黄油 **80** 克，隔热水融化成液体黄油。其中 **60** 克加入面糊中，**20** 克用于涂抹华夫模具。

制作过程

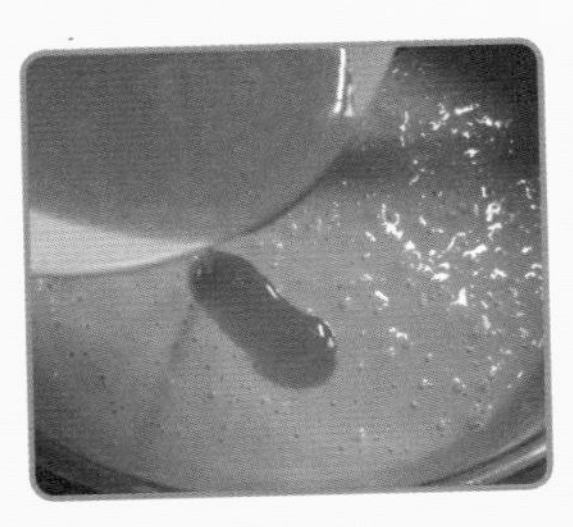
图 1

图 2

图 3

1. 鸡蛋加糖打散至融化。
2. 加入牛奶拌匀至融合。
3. 低筋面粉、玉米淀粉、泡打粉混合，过筛加入步骤 2 中拌匀成面糊。
4. 黄油融化后放至微温，取 60 克加入步骤 3 中拌匀即可。（图 1）
5. 可可粉加入 25 毫升水拌匀成可可糊，取 120 克面糊与之搅拌均匀成为可可面糊。
6. 华夫模刷上剩余的 20 克黄油液烘热，混合交替加入原味面糊和可可面糊，直至铺满模具，用中火慢煎，两面反复翻转，中途可打开饼模检视华夫饼烘烤状况。（图 2）
7. 烤至华夫饼能轻松脱模，表面上色即可。若喜欢吃焦点儿的，可以多烘烤一会儿。（图 3）

凌尒尒说

1. 华夫炉买来后要清洗，擦干净后抹上融化的黄油，再用纸巾擦去，无须再清洗，保留薄薄的一层黄油在模具上，可以保养模具 。
2. 淘宝网上的华夫炉品种和款式很多，有商用插电的，也有我这种家庭煤气炉版的，大家可以根据自己的喜好和需要购买。

黄金培根华夫饼

·黄金培根华夫饼·

为早餐特制的咸味华夫饼

挤上足量的奶油，摆上漂亮的各式水果，淋上丰富糖浆的甜味华夫饼真是美味，传统下午茶时来一份这样的华夫饼，好多女生定会当场尖叫。好吃的华夫饼只能适合下午茶吗？其实不然，作早餐同样精彩。将传统下午茶常见的华夫饼改头换面，制作一款咸味的华夫饼，用黄金芝士粉辅味，加入香葱和培根，一款热乎乎的自制咸味华夫饼丰富了你的早餐餐桌。

材料

鸡蛋3个（中等）	牛奶100克	黄油60克	细砂糖30克
盐4克	低筋面粉160克	玉米淀粉25克	黄金芝士粉15克
泡打粉6克	培根50克	海苔粉1克	巴西里（欧芹碎）1克

准备

1. 黄油隔热水融化至液态。
2. 培根切成小丁炒香，滤去油分备用。

制作过程

图 1

图 2

图 3

1. 鸡蛋加细砂糖和盐打散打均匀。

2. 加入牛奶搅拌均匀。

3. 把低筋面粉、玉米淀粉、黄金芝士粉、泡打粉混合在一起，过筛到鸡蛋奶液中，搅拌至均匀无颗粒。（图 1）

4. 加入融化的黄油，搅拌至融合顺滑。

5. 加入培根丁、海苔粉、巴西里一起拌匀，华夫饼面糊完成。（图 2）

6. 华夫饼模刷黄油烘热，倒入面糊铺满模具，用中火慢煎，两面反复翻转，中途可打开饼模检视华夫饼烘烤状况。（图 3）

7. 烤至华夫饼能轻松脱模，表面上色即可。若喜欢吃焦点儿的可以多烘烤一会儿。

凌介介说

1. 若没有配方里的玉米淀粉，可用低筋面粉代替。
2. 若没有海苔粉或者欧芹碎，也可以用香葱切末来代替，一切尽在自己的 DIY 乐趣中。

·黑椒鸡肉厚多士·

·黑椒鸡肉厚多士·

厚多士风味比你想象的丰富

一块面团可以有百种花样，吐司也可以如此。提前一天将鸡腿剥出整块的完整腿肉，腌好烤好准备好，第二天切片后同蔬菜和酱料一同铺在厚吐司上，再盖以芝士焗，这样的一整块厚料吐司就是一顿丰盛的早餐，一份有肉、有菜、有碳水化合物的早餐就是最好的搭配选择。整个制作过程仅为十几分钟，不会占用你太多宝贵的早晨时间。爱孩子、爱家人的主妇们可以做起来哦。

材料

原料	厚吐司1块	鸡腿2个	包菜适量
	番茄酱适量	黑胡椒碎适量	沙拉酱适量
	马苏里拉芝士适量		
鸡肉调料	黑胡椒碎1克	盐1克	糖3克
	生抽5克	大蒜7克	

准备

1. 鸡腿去骨留肉，剥出鸡腿肉排。
2. 大蒜去皮剁成蒜末。
3. 鸡腿肉加入所有鸡肉调料拌匀，腌制 2 小时备用。
4. 马苏里拉芝士切成片或者刨成丝备用。
5. 包菜切成细丝备用。

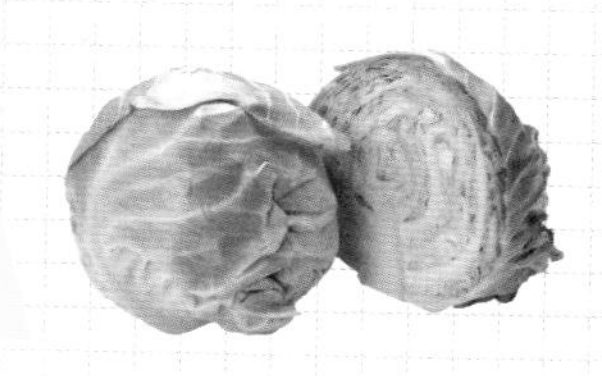

制作过程

图 1

图 2

图 3

1. 黑椒鸡腿肉入 200℃烤箱烤 20 分钟，10 分钟时翻面一次，烤熟后切成小块。
2. 厚吐司挤上番茄酱。（图 1）
3. 摆上包菜丝，包菜丝上挤上沙拉酱，撒适量黑胡椒碎，摆上烤好的鸡肉块。（图 2）
4. 鸡肉上摆上马苏里拉芝士丝。
5. 预热烤箱至 200℃，入烤箱烤焙 13 分钟。
6. 出炉后可挤上番茄酱，撒上适量芝士粉和香料装饰。（图 3）

凌尒尒说：

1. 黑椒鸡肉若不用烤箱烤，用煎锅煎熟也可以。
2. 鸡肉、包菜、沙拉酱、番茄酱、黑胡椒碎、马苏里拉芝士等材料均可按自己喜欢多加或少加，故材料中未列出具体分量哦。

香菇蛋饼厚多士

·香菇蛋饼厚多士·

超级DIY厚吐司

面包的种类繁多，如何能在一款白面包的基础上吃出花样，这就需要用心哦。取一条吐司切出2cm厚的厚片，覆盖上自己喜欢的食材，再加以加工烤焙，就可以成为一道全新且美味的餐品。例如本篇的香菇蛋饼厚多士，将鸡蛋与香菇煎成蛋饼，摆放于厚吐司上，加上丰富的酱料，再让马苏里拉芝士焗化于面包上，一款新鲜且咸香不腻的香菇蛋饼厚多士就完成了。要如何烤出你自己的厚多士口味，取决于你如何开发哦。

材料

鸡蛋4个	香菇5朵	盐1克	圣女果4个
厚吐司1片	沙拉酱适量	番茄酱适量	黑胡椒碎适量
马苏里拉芝士适量			

准备

1. 马苏里拉芝士切成片。
2. 香菇洗净切成片备用。
3. 圣女果切片后备用。

制作过程

图 1

图 2

图 3

1. 香菇片加入鸡蛋中，用盐调味后打散。
2. 煎锅中倒入适量油烧热，将香菇鸡蛋液倒入锅中，煎成蛋饼后盛出备用。（图 1）
3. 将厚吐司挤上番茄酱，摆上香菇蛋片，挤上沙拉酱。（图 2）
4. 摆上马苏里拉芝士片，圣女果片摆在马苏里拉芝士片上。（图 3）
5. 预热烤箱至 200℃，入烤箱烤焙 13~15 分钟即可。
6. 出炉后，撒上适量芝士粉和香料装饰。

凌介介说

1. 香菇可换成任意菌菇或其他蔬菜，做出自己喜欢的风味厚多士。
2. 面包可自己制作，也可选择烘焙店里的吐司，但是切记不要买切片吐司，只有买大长条吐司才能自己切厚片哦。

- 茶树菇酱香肉包 -

- 沙茶牛肉饺 -

- 酸笋炎面煎包 -

＊10道巧思面食的美味秘密＊

面食能让人产生满满的幸福感。包子平凡的外表下包裹着幸福的滋味，无论是茶树菇、梅菜笋丝，还是“镀了金”的水煎包，一口咬下去，口齿留香。饺子也有新吃法，韭菜饺子是经典的保留曲目，下一曲则有新惊喜：沙茶牛肉的重口金属摇滚Rock你的味蕾，玉米鸡肉煎饺的清甜像午后小夜曲一般沁人心脾……自制煎饼也是一种很不错的尝试哦！

茶树菇酱香肉包

·茶树菇酱香肉包·

唤醒系重口味肉包

开锅，面香扑鼻而来，小巧的包子一个个摆在蒸锅中，趁热取出一个一口咬下，有肉油汁滴出。再一品，香辣可口，肉香、茶树菇的菌香、黑胡椒香、酱香，合四为一，立刻唤醒你沉睡的味觉，让你精神满满，浑身有劲。唤醒系重口味小包子，就是黑胡椒茶树菇酱香肉包。注意，此“酱”非大酱、面酱，而是酱油。肉馅内加入两大勺茶树老抽，不仅能给肉馅增色，还能给肉馅加味。暗色调的肉包子，看起来也会让人更有食欲。

材料

肉馅	茶树菇 250 克	猪肉 350 克	茶树老抽 25 克
	细砂糖 15 克	黑胡椒粉 5 克	盐适量
面皮	中筋面粉 300 克	细砂糖 15 克	酵母 3 克
	水 160 毫升		

准备

1. 茶树菇洗净焯水，沥干后切成小丁状。
2. 猪肉剁成肉末或者用机器绞成泥，加入茶树菇和调味料，按顺时针方向搅拌，直到上劲成肉泥即可。

制作过程

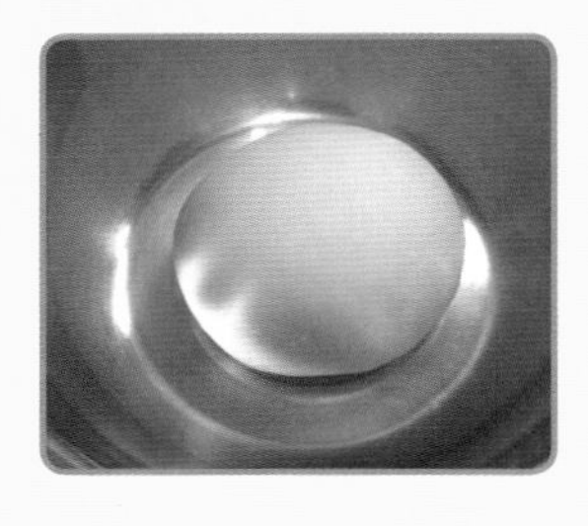
图 1

图 2

图 3

1. 将所有面皮原料混在一起，揉到面团表面光滑。
2. 放在深盆里发酵，直到面团是原来的两倍大。（图 1）
3. 取出面团排气，在案板上撒些中筋面粉防粘。
4. 面团搓成长条形，平均切割成约 20 份。
5. 案板上再撒适量面粉，把面皮擀成圆形，最好擀成中间厚，两边薄。
6. 包入事先准备好的肉馅，旋转折出褶子，把包子收好口。（图 2）
7. 包子底部铺上油纸或蒸布，在蒸笼里排开，最好有一定的间隔。（图 3）
8. 静置松弛至包子明显松弛膨发，冷水上屉，先大火，水开后转中小火蒸 15 分钟。
9. 蒸好包子后关火，不要马上开盖，虚蒸 3 分钟后再开盖。

凌介介说

制作馅料的肉最好带些肥油，比例以三肥七瘦为佳，这样的肉馅吃起来比较不柴。

·双菇大肉包·

·双菇大肉包·

双菇碰撞出最佳好味道

我是菌菇爱好者，我认为菌菇无论煲汤、炒菜，就连包包子、包饺子、做肉酱都十分美味。家中常备的菌菇就有猪肚菇、草菇、金针菇、袖珍菇、蘑菇、香菇、杏鲍菇、猴头菇等。

本篇双菇肉包，取猪肚菇和杏鲍菇作为主要原料，加入适量蚝油提鲜，肉馅扎实美味，杏鲍菇质感强韧而耐嚼，猪肚菇脆爽可口，两种不同口感的菌菇相搭配，给包子带来不一样的味觉体验。

材料

面皮	中筋面粉300克	细砂糖15克	酵母3克	水160毫升
肉馅	猪肉400克	猪肚菇120克	杏鲍菇160克	蚝油25克
	老抽20克	香油10克	鸡蛋1个	香葱20克
	黑胡椒3克	盐适量		

准备

1. 猪肚菇、杏鲍菇洗净焯水后切成小丁状。
2. 香葱洗净切细末。
3. 猪肉剁成肉末或者用机器绞成泥，加入猪肚菇丁、杏鲍菇丁、葱末、调味料，按顺时针方向搅拌，直到上劲成肉泥。

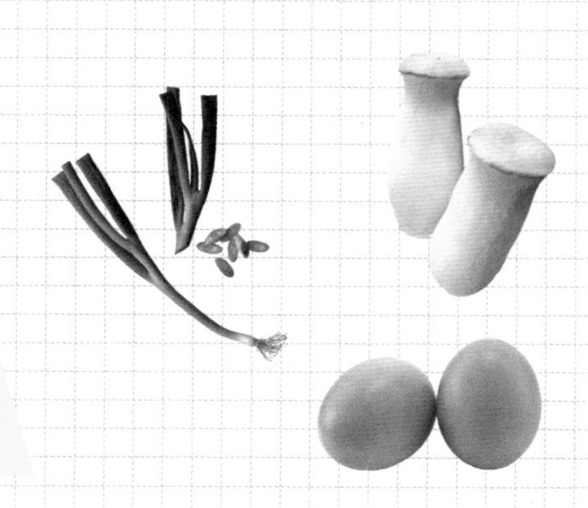

制作过程

图 1

1. 将所有面皮原料加在一起，揉到面团表面光滑。
2. 放在深盆里发酵，直到面团是原来的两倍大。（图 1）
3. 取出面团排气，在案板上撒些中筋面粉防粘。

图 2

4. 面团搓成长条形，平均切割成约 8 份。
5. 案板上再撒适量粉，把面皮擀成圆形，最好擀成中间厚，两边薄。
6. 包入事先准备好的肉馅，旋转折出褶子，把包子收好口。（图 2）

图 3

7. 包子底部铺上油纸或蒸布，在蒸笼里排开，最好有一定的间隔。（图 3）
8. 静置松弛至包子明显松弛膨发，冷水上屉，先大火，水开后转中小火蒸 15 分钟。
9. 蒸好的包子关火，不要马上开盖，虚蒸 3 分钟后再开盖。

凌尒尒说

用菌菇制作肉馅时一定要记得先用水焯一下，因为菌类的养殖环境一般都阴暗潮湿易生细菌，所以不管是炒菌菇还是制馅，最好都先用水焯一遍。在焯水时就能看到沸腾的水表面浮起一片白沫，那便是脏物。切记将白沫撇净，用凉开水洗过一遍后再进行下一步制作食用哦。

梅菜笋丝包
IRIS

·梅菜笋丝包·

中国式泡菜同样能给人惊喜

中国也有泡菜，而且历史悠久，口味丰富，榨菜、梅菜、泡笋、芥菜、金针菇、酸菜、萝卜干、黄瓜，什么都能拿来腌制，而且不仅仅是辣味，还有甜的、酸的、甜咸、酸咸，各种风味均有，是不是比韩国泡菜还给力？梅菜笋丝的味道就很棒，不妨用它来做梅菜笋丝包吧。

材料

面皮	中筋面粉 300 克	细砂糖 15 克	酵母 3 克
	水 160 毫升		
馅料	梅菜笋丝 240 克	猪肉（三肥七瘦）400 克	
	老抽 10 克	鸡蛋 1 个	香油 15 克
	盐 3 克	黑胡椒粉 2 克	

准备

猪肉绞成肉末，加入馅料中的所有调料和梅菜笋丝，顺一个方向搅拌至上劲成肉泥，放好备用。

制作过程

图 1

图 2

图 3

1. 将面团原料全揉到一起，直到将其揉成光滑的面团。

2. 放到深盆里发酵至原来的两倍大左右（发酵过程可来制作馅料）。

3. 面团发酵完成取出排气，平均切成8份。（图1）

4. 小面团压扁擀成中间厚两边薄的面片，装入适量肉馅，掐好包口即可。（图2）

5. 蒸笼中刷食用油，包子排入其中，醒发半小时。（图3）

6. 冷水上屉，大火烧至水开后转中小火蒸15分钟即可。

7. 蒸制完成，不要立即开盖，虚蒸3分钟后再开盖将包子取出。

以前蒸包子馒头，我一定会垫上蒸布或者像餐馆里一样垫上油纸，但是后来我发现了一个能蒸出底部完整美丽包子的秘籍——在笼屉上刷一层食用油，把包好的包子或馒头直接摆上，接着开火蒸便可以了，蒸好后可以完整地把蒸物取下，简单又方便。

水煎包

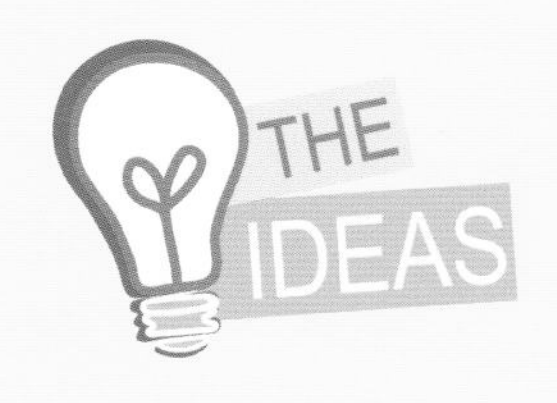

·水煎包·

美味肉包的二次利用

包好的小包子和饺子，有时我会想把它们煎得底部香脆后再吃，你呢？看你是喜欢浇些醋，还是油辣子，或者厦门甜辣酱，抑或是烤肉酱、黑椒酱、排骨酱、叉烧酱，你喜欢吃什么样口味？喜欢什么样的酱？煎包或者煎饺，想想都会让人垂涎欲滴。

材料

包子皮	中筋面粉300克	酵母3克	水150毫升
馅料	猪绞肉（三肥七瘦）350克		虾仁80克
	韭菜130克	胡萝卜80克	老抽12克
	香油12克	盐4克	黑胡椒3克

准备

1. 韭菜洗净切成末。
2. 胡萝卜洗净去皮刨成丝。
3. 猪肉剁成肉末。
4. 所有原料混合，加入老抽、盐、黑胡椒等调味，用手抓匀即可。

制作过程

图 1

图 2

图 3

1. 将包子皮原料加在一起，揉到面团表面光滑。
2. 将面团放在深盆里发酵，直到面团是原来的两倍大。
3. 取出面团排气，在案板上撒适量中筋面粉防粘。
4. 把面团搓成长条形，平均切割（没有称重，看着适量就切了）。
5. 案板上再撒适量粉，把面皮都擀开成圆形，最好擀成中间厚，两边薄。
6. 包入事先准备好的肉馅，旋转折出褶子，把包子收好口。（图 1）
7. 包子放一边松弛 30 分钟，平底锅倒入油，包子整齐排入，开中火煎出煎包底皮（呈金黄色即可）。（图 2）
8. 面粉 8 克加水 200 毫升兑成面粉水，慢慢倒入煎锅中，盖上锅盖，中火慢慢煎至水全蒸发即可。（图 3）

1. 加入面粉水，是为了让煎好的水煎包底部有漂亮的皮。
2. 生包子一定要加入水半煎半焖才会熟。如果只是煎，要先把包子蒸熟以后再煎出底皮，此时就用生包子了哦。

韭菜饺子

·韭菜饺子·

最经典的也是最好的味道

自从会包饺子后，就爱折腾着做各种口味的饺子。和外面卖的一般款不同，我喜欢尝试怪异的创新版。不过，做过这么多创新版饺子后，内心深处最怀念的味道，还是韭菜馅的饺子，那种特殊的香气就是让人牵挂。韭菜饺子主料就是韭菜和猪肉，搭配的调料需加点儿姜丝、酱油、香油、盐、鸡蛋等调和一下，那饺子就好吃极了，绝对经典款。再加上家用的好面粉，筋道Q弹，煮制的饺子不容易破皮，卖相也美观，吃起来还比外面买的健康又让人放心。

材料

饺子馅	猪绞肉400克	韭菜140克	鸡蛋1个	姜末15克
	老抽15克	香油20克	盐适量	
饺子皮	中筋面粉300克	水160毫升		

准备

将韭菜洗净后切成粗末，加入饺子馅所需的其余所有原料，顺一个方向搅拌，直至搅拌成肉泥状，饺子馅完成。

制作过程

图1

图2

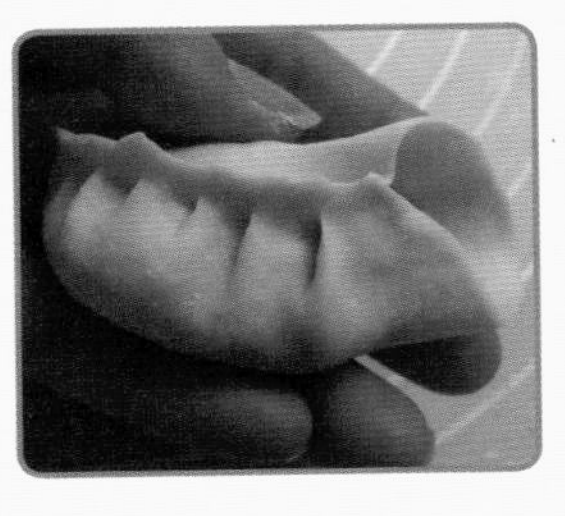
图3

1. 面粉、水、盐混合，用筷子搅拌成絮状。
2. 把面团原料揉匀成光滑的面团，反复揉面，直到面团表面光滑。（图1）
3. 面团完成后，表面盖上湿布松弛半小时。
4. 面团分开切两半（为了好搓成长条状）搓成长条，切成小剂子。
5. 案板上撒上干面粉，把小剂子压扁，用擀面杖擀成圆形面片。
6. 取馅料放入面片中，对半折起并掐紧或掐出褶子。（图2）
7. 烧一锅开水，水开后下饺子，把水煮开后，分两次加入小部分凉水，第一次沸腾后再加下一次，直到水第三次沸腾，并且饺子浮起，饺子便煮熟了。（图3）

凌介介说

韭菜饺子好吃，除了做肉馅，也可以做韭菜鸡蛋馅，再加入一些虾皮增加鲜味，素的韭菜饺子也非常好吃哦。

·沙茶牛肉饺·

·沙茶牛肉饺·

挡不住的重口美味

用牛肉制馅做饺子，美味的关键首先是挑选牛肉，哪个部位的牛肉制馅最好吃？答案是三角肉。这部位的肉，肉质细嫩，无筋，即使是全瘦肉，制馅后还是油润可口，不柴不涩。挑选好肉之后，接下来便是挑选搭配的口味，牛肉略带膻味，通常会用洋葱搭配。其实，除了洋葱，用京葱来搭配味道也一样好，京葱微辣的葱香味同样能给牛肉去膻。再花点儿小心思，调些沙茶酱来搭配肉馅，一份不一样的沙茶牛肉饺也很吸引人。

材料

饺子馅	牛肉350克	沙茶酱80克	大葱（京葱）155克	老抽13克
	香油10克	水30毫升	盐3克	糖6克
饺子皮	中筋面粉300克	水150毫升	盐1克	

准备

1. 大葱洗净切丝再切成细末备用。
2. 牛肉洗净先切小块再剁成肉泥备用。
3. 牛肉泥加入葱末和所有调料，用筷子朝一个方向搅拌，直到肉馅出现黏性，所有原料都混合均匀为止，馅料完成。

制作过程

图 1

图 2

图 3

1. 面粉、水、盐混合，用筷子搅拌成絮状。
2. 把面团原料揉匀成光滑的面团，反复揉面，直到面团表面光滑即可。
3. 面团完成后，表面盖上湿布松弛半小时，松弛过程可以制作饺子馅。
4. 把饺子面团平均切割成两份，分别搓成细条长柱状，切出小剂子。（图 1）
5. 案板上撒上干面粉，把小剂子压扁，用擀面杖擀成圆形面片。
6. 取馅料放入面片中，对半折掐出褶子。（图 2）
7. 烧一锅开水，水开后下饺子，把水煮开后，分两次加入小部分凉水，第一次沸腾后再加下一次，直到水第三次沸腾，并且饺子浮起，饺子便煮熟了。（图 3）

凌介介说

1. 如果有人觉得剁牛肉麻烦，也可以在买的时候就让肉贩把肉绞好，家中有搅肉机的也可以用搅肉机搅。
2. 不同的沙茶酱品质也可能不同，有些沙茶酱稠似膏状，这样的沙茶酱需要加入适量水调稀以后再调馅哦。

鱼香肉末饺

·鱼香肉末饺·

下饭菜的另类运用

鱼香肉丝是我国名菜。我从小就喜欢鱼香肉丝，第一道做出的令自己满意的菜，就是它。好感激它，感激它没有失败，因此便让我踏足厨界，疯狂折腾而从未疲倦！鱼香肉丝的味道真是好，咸、香、辣、脆、滑兼备。咸辣的豆瓣酱、香香的葱、姜、蒜，脆脆的黑木耳，再加上滑炒的细嫩肉丝，盖在白米饭上，这样的搭配，怎一个“好吃”可以概括？某天突发奇想，将这样一道谋杀米饭的下饭菜包到饺子里如何？

材料

饺子馅	猪绞肉 360 克	香葱 40 克	黑木耳 140 克(泡发后)
	豆瓣酱 50 克	老抽 5 克	糖 15 克
	姜、蒜、香油、盐各适量		
饺子皮	盐 1 克	水 130 毫升	中筋面粉 250 克

准备

1. 黑木耳提前泡发，剁成小细碎备用。
2. 香葱、姜和蒜洗净，都切成细末备用。
3. 把处理好的猪绞肉、黑木耳碎、豆瓣酱、老抽、糖、香葱末、姜末、蒜末、香油混合，用手抓匀，馅完成。

制作过程

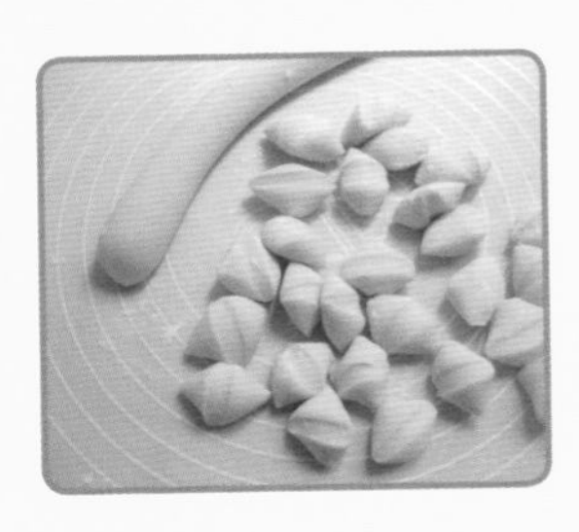
图 1

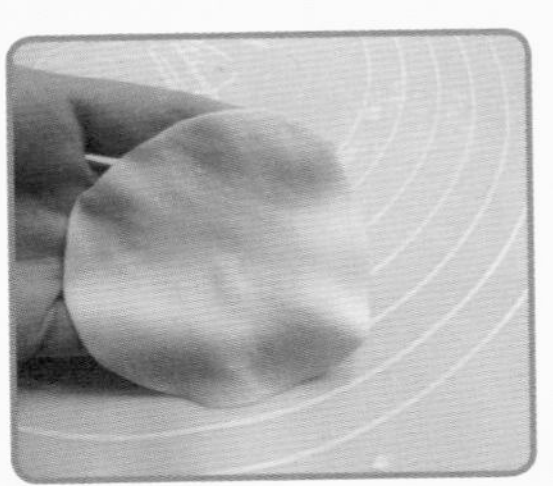
图 2

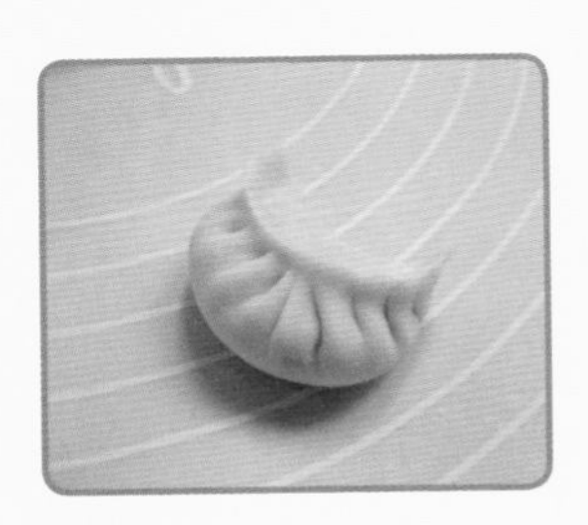
图 3

1. 面粉、水、盐混合，用筷子搅拌成絮状。
2. 把面团原料揉匀成光滑的面团，反复揉面，直到面团表面光滑即可。
3. 面团完成后，表面盖上湿布松弛半小时，松弛过程可以制作饺子馅。
4. 把饺子面团搓成细条长柱状，切成小剂子。（图 1）
5. 案板上撒上干面粉，把小剂子压扁，用擀面杖擀成圆形面片。（图 2）
6. 取馅料放入面片中，对半折起并掐紧或掐出褶子。（图 3）
7. 烧一锅开水，水开后下饺子，把水煮开后，分两次加入小部分凉水，第一次沸腾后再加下一次，直到水第三次沸腾，并且饺子浮起，饺子便煮熟了。

凌尒尒说

1. 做饺子馅时最好用手抓，不仅能让肉泥更顺滑，也能使所有原料都能更好地混合均匀。
2. 做这款饺子，用干木耳泡发后制馅最好，能让人体会到脆脆的口感，若用厚叶水木耳则不会有这种效果。

黑木耳玉米鸡肉煎饺

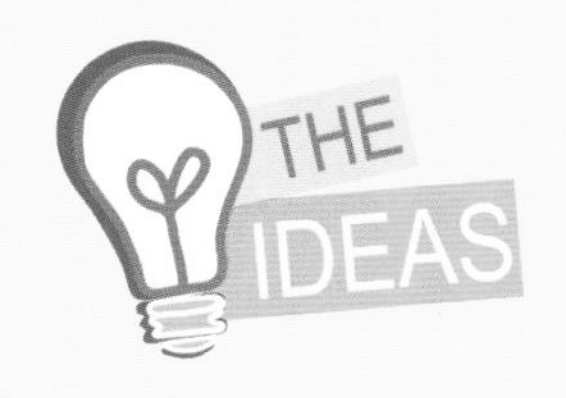

·黑木耳玉米鸡肉煎饺·

新口味煎饺尝尝吧

鸡肉的质感细嫩，怎么做都好吃，但把鸡肉做成馅包在饺子里还是头一回。考虑到鸡肉的嫩，于是拿黑木耳的脆和玉米的清甜来搭配，这样的搭配看着新鲜，口感却是很好的。特别是把这饺子煎了个脆皮底子，香喷喷的煎饺瞬间美味升级。不要再周旋于老式口味的饺子馅，这样的新口味煎饺，赶紧试着给家人做做吧。

材料

饺子馅	玉米200克	黑木耳（干）20克	鸡大腿3个	排骨酱50克
	老抽14克	盐3克	水150毫升	
饺子皮	中筋面粉300克	水160毫升	盐1克	

准备

1. 玉米剥粒，焯水至熟，沥干备用。
2. 黑木耳提前2小时泡发，洗净焯水，沥干水分后切成细末备用。
3. 鸡腿洗净去皮，切小块后剁成鸡肉泥。
4. 玉米粒、鸡肉泥、黑木耳碎倒在一起，加入调料，朝一个方向搅拌饺子馅，直到馅料发黏上劲，饺子馅完成。

制作过程

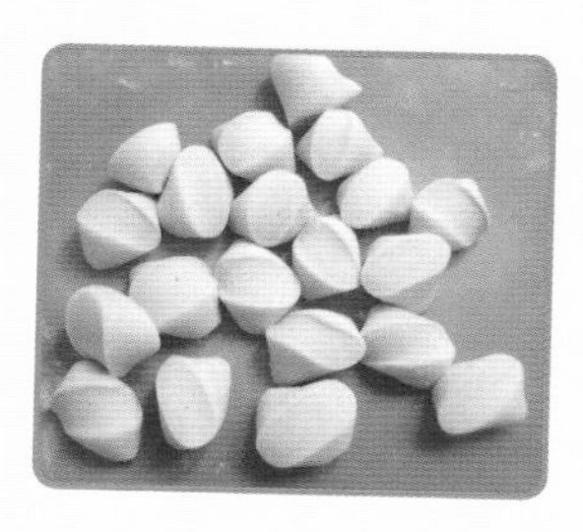
图 1

图 2

图 3

1. 面粉、水、盐混合，用筷子搅拌成絮状。

2. 把面团原料揉匀成光滑的面团，反复揉面，直到面团表面光滑即可。

3. 面团完成后，表面盖上湿布松弛半小时，松弛过程可以制作饺子馅。

4. 把饺子面团平均切割成两份，分别搓成细条长柱状，切出小剂子。（图 1）

5. 案板上撒上干面粉，把小剂子压扁，用擀面杖擀成圆形面片。

6. 取馅料放入面片中，对半折掐出褶子即可。（图 2）

7. 向平底不粘锅中倒入适量油，排入饺子，开中小火煎至饺子底部呈金黄色。（图 3）

8. 倒入面粉水，开中火，加盖，煮至水分完全蒸发，饺子底部出现金黄色结皮即可。

凌尒尒说

鸡肉不一定只局限于鸡腿肉，选用鸡胸肉也可以。

酸笋发面煎包

·酸笋发面煎包·

煎包的柔软与美味

包子可以蒸、烤、干煎、水煎；馅也不例外，包肉、包菜、包糖，多种多样（据说，面点的历史可以追溯到新石器时代，从那以后，聪明的中国人赋予了面食更广泛的吃法）。

本篇的发面煎包，是一种柔软与美味的结合。用的是酸笋馅，酸笋是一种腌制食品，有一股非常特殊的酸臭味，味道很特别。

材料

馅料	猪绞肉400克	酸笋220克	香葱15克	老抽25克
	香油10克	盐4克	糖10克	
包子皮	中筋面粉300克	水150毫升	酵母3克	盐1克
	细砂糖15克			

准备

猪肉剁成肉末，加入馅料中的调料和酸笋，顺一个方向搅拌，直到出现黏性。

制作过程

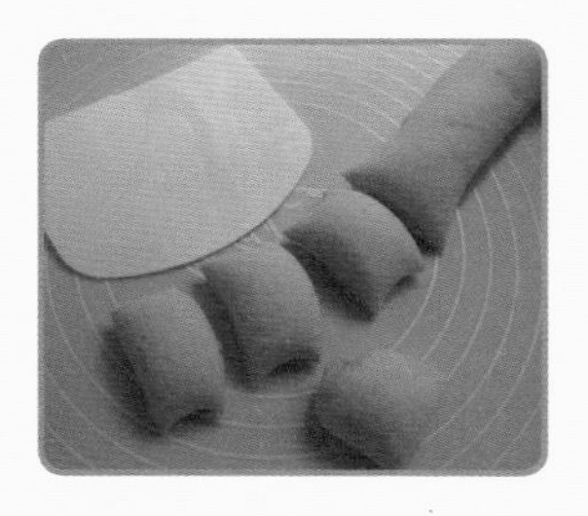
图 1

图 2

图 3

1. 面团原料全部搅拌揉成团，反复揉面，直到揉出光滑的面团。
2. 放到深盆里发酵至原来两倍大左右。
3. 面团发酵完成取出排气，平均切割成一样大小。（图 1）
4. 小面团压扁擀成中间厚两边薄的面片，装入适量肉馅，掐好包口，使包口朝下放置，醒发 10 分钟。（图 2）
5. 面团表面抹上少量水，撒上白芝麻。（图 3）
6. 煎锅内倒入适量油，烧热，排入醒发好的煎包，两面煎成金黄色即可。

凌介介说

1. 煎包一定要小火慢煎，慢慢煎出外层金黄色外皮，如果火力太大，会使得外皮煎好但内里馅料夹生。
2. 发面在很多面食种类中都很常见，如包子、馒头、花卷、饼等，不同于后面提到的半烫面煎饼。半烫面的面团比较软，吃起来口感 Q 韧，发酵后的面食则带着一股原始面香，吃起来松软可口，再把这发好的饼用油稍微煎一下，外脆而内部松软，给简单的饼带来另一种美味的吃法，可丰富家庭餐桌的主食种类。

家庭自制葱肉饼

·家庭自制葱肉饼·

说到面食，止不住大爱之情。本篇葱肉饼，我用的是半烫面法。先加一部分热水搅面粉，成疙瘩状后再加冷水，最后再把面团团好，面光、盆光、手光。再来就是像平时做包子、馒头、面包一样，手工揉面，不用太久，大概10分钟左右，使得面团表面光滑了就行了。这半烫面揉出来面团比较软，适合做煎包、煎饼、烙饼等，吃起来口感较Q韧，有嚼劲。

材料

葱肉馅	猪绞肉150克	葱30克	生抽15克
	黑胡椒1克	盐、糖各适量	蒸鱼豉油适量
面团	中筋面粉150克	热水72毫升	冷水36毫升

准备

1. 葱洗净切成颗粒状。
2. 猪肉切成小块，放搅拌机里打成猪肉泥（打成肉泥，会使猪肉馅吃起来比较滑润）。
3. 猪肉泥和葱粒加入蒸鱼豉油2小勺、黑胡椒1小勺、盐、糖适量拌匀，放置一旁入味。

制作过程

图 1

图 2

图 3

1. 面粉中加入热水，用筷子迅速搅拌，再用手抓面团，直到面团成疙瘩状为止。
2. 加入冷水继续和面，把面和水都揉匀，达到三光（面光、盆光、手光）。
3. 放到案板上揉面，直到面团表面光滑柔软。
4. 把面团放置一旁，表面盖上保鲜膜松弛 30 分钟。（图 1）
5. 把醒好的面团平均切成 5 份（大约一个剂子 50 克）。
6. 案板上撒些面粉，把剂子擀面圆形，中间包入肉馅，捏好收口朝下放置。（图 2）
7. 把包好的葱肉饼胚略压扁，整成圆形即可。
8. 热油锅，关中小火，排入葱肉饼，两面煎成金黄色即可。（图 3）

凌介介说

煎饼时最好开中小火，慢火慢煎，使内外都能熟透，切忌大火煎饼，否则易造成外熟内生的情况。

手工面条

Q弹的手工面条是这么制作的！

面条是我非常爱吃的主食，自买了压面机后我就开始自己动手制作个性面条。自家压的面条，煮好后不管放多久都不会坨成面疙瘩，筋道爽滑如刚出锅一般，太喜人了！

材料

中筋面粉300克	鸡蛋70克	水50毫升	盐1克

制作过程

1. 所有原料混合在一起，用筷子把面粉和鸡蛋搅成疙瘩状。

2. 用手揉成面团，面团很干，要有耐心把它们都揉成团，只需要成团不松散就行。不用揉到光滑状态，因为过压面机后自然会光滑。

3. 压好的面团分成两块，取其中一块，用擀面杖压得扁一些，让其易过压面机。

4. 压面机开 1 挡，让面片过压面机 3~4 遍。

5. 面片对半折一次，再次过压面机大概 3 遍。

6. 转压面机 3 挡，过面片 5~6 遍，让面片出现自然光滑，用刷子蘸点儿面粉刷在面片上，再继续过压面机 2~3 次。

7. 把面片从中间切对半，压面机转压面 5 挡，两块面片分开过面机，压 3~4 遍。一块压好再压另一块。

8. 压面机转面条挡，在过了 5挡的薄面片上再撒些面粉，过粗面条挡，粗条就出来了。

9. 做好的面条上还要再撒上面粉，防止其放置久了黏在一起，否则面条还没吃就变成面片了。

1. 我的面条机是电动的，使用起来不费力，多过几次压面机后，面团就光滑了。在家做面条，好吃干净又筋道美味，推荐喜欢 DIY 的人备一台。
2. 有人问为什么有的面条这么容易坨成面粉疙瘩？我想除了面粉筋度外，水也可能加太多了，使得面团不够硬。因此，要想让面条好吃，水一定要少，面团一定要硬才是王道。

黑芝麻吐司

面包机做面包过程全分享！

以黑芝麻吐司为例，与大家分享面包机自制面包的详细过程。坚果的香气总是让人难以抗拒，这样一份带着黑芝麻香气的主食面包最能提起家人的胃口，黑芝麻补肝肾、润五脏、益气力、长肌肉，用于养发也非常有效，想拥有一头乌黑的秀发便可通过吃黑芝麻来实现。用面包机制作面包非常简便，具体操作请见以下描述。

材料

黑芝麻 25 克	低筋面粉 100 克	高筋面粉 300 克	黄油 40 克
盐 5 克	糖 40 克	鸡蛋 55 克	水 217 毫升
酵母 5 克			

制作过程

1. 黑芝麻炒香放凉，用磨粉机粗略磨一下，保持粗粒状态，不要完全磨成粉。

2. 将除黄油外的所有原料均倒入面包机桶内，开启搅拌模式打面约 20 分钟。

3. 加入黄油，继续揉面约 25 分钟。

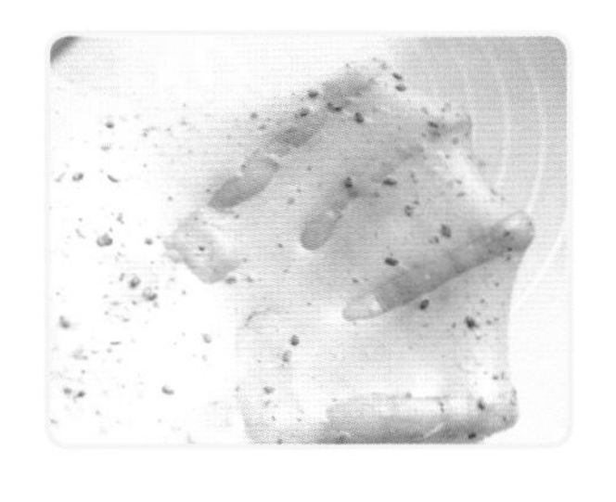

4. 取出面团检查筋度，若能轻松撑开透明筋膜，则打面完成。

5. 将面团重新滚圆放入面包机桶内，室温发酵至面包机桶八分满处。

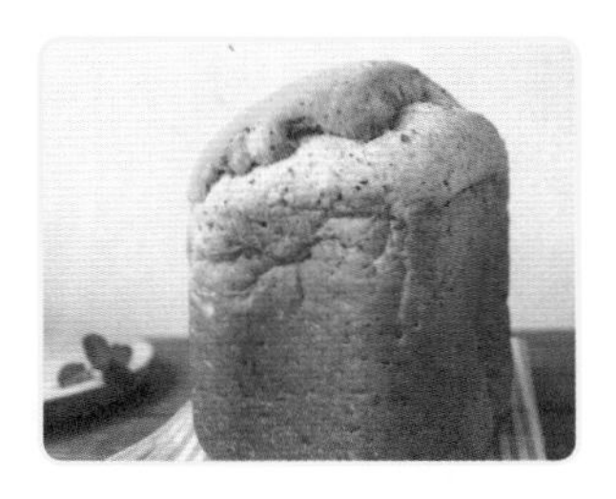

6. 开启面包机烤焙程序，烤焙 50 分钟即可。

凌介介说

1. 黑芝麻一定要炒熟以后才能用来制作面包，否则不仅不香，还会有生涩的味道哦。
2. 研磨黑芝麻时不用磨太久，否则黑芝麻容易出油，出油的黑芝麻粉容易结块，不易制作。

MARK
麦客文化